廿一世紀銷售致富經典

業務戰
腦力與腳力的戰爭

MIND TEASER

98% 的銷售，是在顧客的腦袋中完成的！
與其費力推銷，不如讓顧客自己要，
連說服都省了！
簡單邏輯，換來不簡單業績的突破致勝之道。

華人第一位催眠式銷售教練
威力行銷研習會創辦人
第六本銷售鉅著

新成智教育集團創辦人
上海遠東企業文化經營研究所所長
朱清成

羅芙奧藝術集團董事長
王鎮華

誠摯推薦

【行為世范、再造輝煌】

世輝是一位擇善固執的人，喜歡鑽研課題、一門深入；打從《威力行銷》開始，他連續出版了《催眠式銷售》、《催眠式逆轉銷售》、《地球人拒絕不了的推銷術》、《超感應銷售》等書，不難發現他深入的用心與創新的能力。當然，教學相長也是他不斷推陳出新的動力泉源；世輝的《威力行銷研習會》自二十年前創辦，至今持續熱銷、盛況不減！

一個喜歡生活、熱愛工作，專業執著，魅力四射的講師作家。多年來他從教育訓練的新秀成為了行業的標杆，為人夫、為人父，由青蔥少年成為成熟穩健的訓練大師；然而難得的是、從他身上依然保持著當初年少時的靦腆和開朗的笑容！

在我的印象中，世輝有著兩極化的個性，平日沉默寡言、喜歡思考，卻又喜歡和孩子一起看卡通笑得前仰後合；世輝有著極規律的生活和自律的精神，每日晨跑不墮、堅持運動，骨子裡的軍校訓練至今可見。

世輝是一位業務行銷界的思想家；這本《腦力 VS 腳力的戰爭》，一如既往，內容扎實而富有實戰成果；與其說這本書是《業務行銷戰》的《教戰手冊》，更像是業務行銷的《邏輯指導手冊》從思維邏輯的定向到設身處地異位立場的觀念、《one man one engine》的客制化服務到異議的引導與處理；從【去我化】的不預設立場到格局的拉大，在在都以實務性的做法出發，而深入淺出剖析出背後精神與達到效益的方法。

【銷售策略的有效性與見客戶的頻率（次數）成反比】，更提出人情銷售所陷入的窘境及銷售策略擬定的重要性，由客戶立場的反思才是切中要害的有效銷售。

這是一本集合思想方法的理論實踐秘笈，章節分明、案例生動，讀來甚為輕鬆易於接受，而《腦力 VS 腳力》的敘述性比較，又能一針見血的看出立竿見影的成效。

蒙世輝不棄，視我為跨世紀的隔岸知交，（我常年在上海）讓我數度為文做序，值此新春之際，祝願更多讀者由此書受益，也願世輝再接再厲、開創華人世紀的榮耀。樂為之序。

新成智教育集團創辦人
上海遠東企業文化經營研究所所長

朱清成

2017/2/11

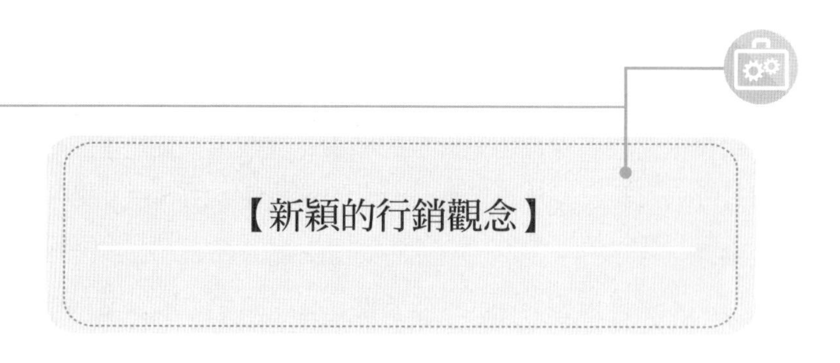

【新穎的行銷觀念】

結識世輝先生是在羅芙奧的藝術展覽，「彬彬有禮、談話得體」是個人對他的初步印象。在進一步的交遊之後，方得知他的前半生非常的精彩；當大多數的同齡少年仍生活在家庭的保護傘下，安逸的享受童年歡樂時光之際，他已經以自己幼小的身軀從事粗重的體力工作，以換取脫貧的生活。往後經過七年的軍校磨練，在即將完成學業，得以掛上黃埔軍階之前，他可以為了真愛而放棄了美好的前程。這些經歷可以說兼具了理性與感性的人格特質。同時也呈現出世輝在生命過程之中對於各個階段所追求不同人生目標的行動力。

世輝先生除了人生歷練豐富，其累積的成果也讓人刮目相看，智感國際顧問公司已經成立了 20 餘年，他所創立的威力行銷研習會也持續以不同於他人概念、創新且邏輯性高的方式廣大授課中，除了協助學員在銷售事業上建立自信，還能以「製造雙贏」的方式創造佳績，不只銷售員能得到業績，顧客也能達到其理想或預期的目標。本人認為銷售亦是一門藝術，書中巧妙的大量運用個案模擬方式呈現出作者想要表達的思維，以「傳統」及「用對方法」兩種不同的模式演練，引導讀者們思考。其中提到「銷售的重點往往不在於你要跟顧客說什麼，仔細觀察顧客的語言內容與其遣詞用字、語氣、語調與眼神、面部表情或身體姿勢所不自覺透露出來的訊息」，進而了解問題點所在才能對症下藥！比起用傳統的方式進行推銷，不如使用對的方式先了解顧客的需求，再以啟發的方式協助顧客找出他們所合適即可以接受的方案，才能有效率的完成交易。

在本書裡，作者對於第一線的銷售人員提供了新穎的行銷觀念，若您正處於事業的碰撞期，建議您不仿抽點時間感受這本書所要帶給您的力量。

羅芙奧藝術集團董事長

王鎮華

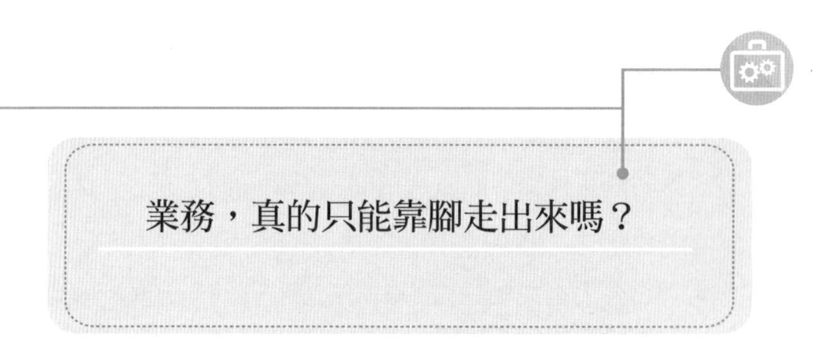

業務，真的只能靠腳走出來嗎？

廿年前，我在當銷售人員的時候，被教導的是：業務，是要靠勤勞的拜訪、開發客戶，被拒絕是正常的，業績，是用腳跑出來的！

這種「拼了命」似的業務論調，衍生出不少以「激勵」「潛能激發」「心靈成長」的教育訓練機構，如雨後春筍般冒出頭來，去參加的，當然也就是銷售人員佔絕大多數，成功學的搖旗吶喊，似乎就以此為基礎，本人當時也恭逢其盛，參加過安東尼羅賓 ・ 伯恩、崔西，馬修 ・ 史維……等等不勝其數的大師級課程，也開啟了我對人性與財富知識的視野，至今我都還很慶幸，在當初，有機會學習與學校課堂截然不同的知識，因為，那也不是學校老師會教或會涉獵的領域；自然在學校系統是不會有所著墨的！因為兩邊的目的性不同。為此，我特別感謝我的企業導師，朱清成博士，當時給我的機會與栽培，華人世界成功學的觀念與風潮，皆由朱博士而起！

我也讀過，古人說：作學問時，於不疑處有疑，方是進矣！難道，一定要靠腳，才能做出業績？不能用心靠腦嗎？

我用廿年的時間，去做些與傳統銷售截然不同的事，事實證明，原來要產生更高的績效與持續性地突破績效，是存在更有效的作法，而所謂更有效的作法，其目的，當然是用你銷售周期的三分之一，就能產生並創造比原來高出三倍以上的績效！

既然要比原來高出三倍以上的產值，時間又要縮短三分之一，自然就要用心靠腦，來取代：「業務，是走出來的」傳統說法與作法，同時，這番論調還能經得起時間的考驗，應該這麼說，**時間愈久，愈能證明突顯用心靠腦的價值所在**。

現在，可以從許多威力行銷研習會的學員身上看到這一改變的影響力，用心靠腦，而不祇是拼了命似地開發、拜訪客戶、增加拜訪量與行動力這種單一方向的努力，才可擁有高產值，用心靠腦，時間用得少，產值與命中率反而增加，而客戶的滿意與被啟發的比例也持續增加，銷售人員說的話，做的事變少，績效、收入卻持續突破。

至於為什麼會有如此不同的轉變，**你可以從本書每一章節的對照案例看出端倪，每個案例，皆為輔導學員的實況，你可以比較傳統作法與用心動腦之間的差異與效益，然後思考一下，接下來，你要怎麼做，方能提昇你的銷售命中率與持續性，業務主管與銷售領導人可據此想想，你要怎麼調整你自己帶領業務團隊的方式，好做到突破性產值與人力的作法**，不是靠偶一為之的激勵，更不是靠短期停賣、促銷以及公司的獎勵競賽，把這些都拿掉，身為一位銷售領導人，看看你還能有哪些法寶來帶領業務人員、團隊的長期突破。

這本書是為了讓你思考，不是為了傳授你推銷技巧或話術，現在的銷售人員，已經被誤導為只背公版話術，不會思考的商品解說員，說服客戶與人情銷售的效益每況愈下；業務員，是一個社會經濟進步的推手，企業進步的動力，一家公司不論發明或發展出哪一種產品或服務，沒有銷售人員銷售、展示、說明，也就沒有顧客知道或作到任何的購買與使用，以改善其生活品質。

蘋果的 I-phone 或其系列產品設計的再美、功能再好，沒有當初的 Steve Jobs 運用媒體在鏡頭上表演、說明、示範，哪來現在的「果迷」。

不要將客戶的拒絕，視為理所當然，你應該讓人們無從拒絕你！

要做到讓人們無從拒絕你，於銷售行為上，以有效提昇成交命中率、成交額度以及培養出一輩子的終身客戶，其實，你有比過去與現在更有效的作法。

曾有學員形容在研習會學到的，不是推銷技巧或技術，而是一整套系統化的「心法」，我當然贊成也支持這一說法，心法心法，有這個心，才能去講究學習、運用其法，沒心，再好的方法也不管用。

此心，指得是，幫助顧客得其所欲的心，此法，則為成功讓客戶自己要的作法，有心，卻不講究作法，謂之土法煉鋼；無心有法，績效起伏變化大，高與低產值互相抵消；無心也無法，根本無法生存，有心也有法，方能平步青雲，扶搖直上！

這本書，是獻給所有「有心」幫助客戶得其所欲，同時，亦細究「四兩撥千金」、尋求突破性作法的你，誠摯地邀請你，細細品味，大力實踐正確幫助人們得其所欲之道。

誰說，銷售不是功德一件呢！

怎麼調整你自己帶領業務團隊的方式，好做到突破性產值與人力的作法

傳統作法與用心動腦之間的差異與效益

提昇你的銷售命中率與持續性

這本書是為了讓你思考，不是為了傳授你推銷技巧或話術

目錄

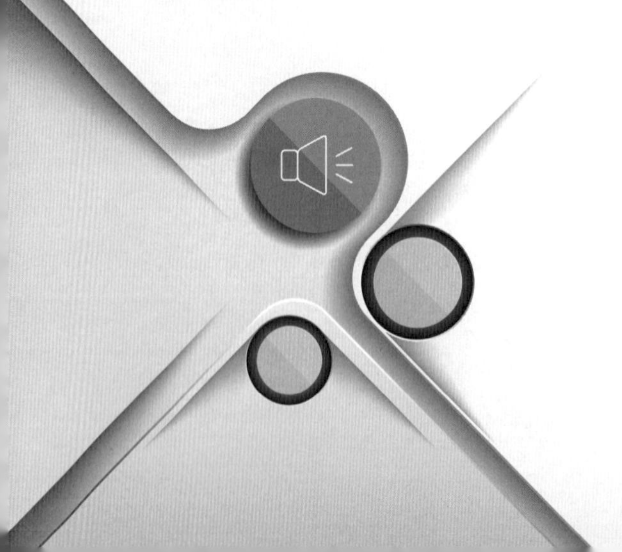

我對優雅、精準的人性結構，

能創造出持續性突破的績效、與強大的高產值團

隊，深刻著迷。你呢！

1

大事顯格局，小事顧感覺（上）

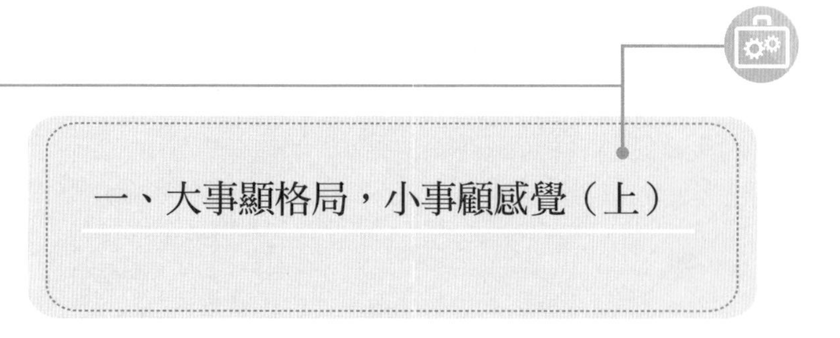

一、大事顯格局，小事顧感覺（上）

一個商業人士，除了自己的專業知識與能力不可缺外，最難能可貴的，其實是格局！

一談到格局，有人用另一形容詞去解釋它－眼界，顧名思義，眼界即是你眼睛視力所及的景物與可視範圍，這麼解釋也對，你看的比你的競爭對手與顧客更遠，尤其是看到他們看不到的，甚至，做到他們做不到的，最後，得到他們得不到的，超越了競爭對手與顧客的期待及能力，這，也不就是格局二字最能彰顯力量之處！

要清楚辨識何謂「大事」，你可以用這樣一句話來概括說明：影響顧客最終決定的事，就可謂之大事！

我曾拜讀過一本（Doing What Matters）－大事法則：其他不予理會；書中闡述的是（James M.Kilts）詹姆士 · 基爾茲，前吉列公司（Gillette）董事長兼執行長，如何讓業績利潤低靡不振的公司起死回生之道，而他的鹹魚翻身法，就是學會辨識：什麼是影響公司生死存亡的關鍵！也就是「大事法則」，正如他所說的，所謂「要緊大事」指的就是：為了事業成功而一定要做的事，而同樣重要的是－知道哪些是應該忽視的事（the things you should ignore）。

當然，不是每位顧客或銷售人員、銷售領導人皆能清楚分辨，何謂「要緊大事」，最常見的現象，即為彼此陷入過多擔心的枝微末節，而最終拖延了成交或做好財務風險或人生風險規劃的時機，直接產生的負面影響，則突顯於考慮的期間，顧客本身所處的保障空窗期，發生了不可預測的風險，而造成遺憾！

靠腳力

王老闆：最近投資，賠了不少，我對財務規劃跟投資機構完全失去了信心，現在，不要來跟我談這些。

你：可是我跟您談的，並不是純投資，而是您該有的保障，畢竟過去，您有超過80%的資產持有型式，都是追求高報酬的風險性資產，這些比例相對於您的保障，就顯得您原有的保障不足。

王老闆：把錢放在保險，太不划算，不但利率低，還要放好幾年不能動，資金一點都不靈活，我怎麼可能把錢放在保險呢！

你：可是，保障不同於投資啊！保障是沒有風險，而且，當風險發生時，保障就能照顧您及您的家人。

王老闆：我想你沒聽懂我的意思，我不想讓我的錢變「死錢」，我連定存都不做了，怎麼會把錢放在保險呢！

你：王老闆，您並沒有把錢全部都放在保險，這保費與您的投資資本比較起來，根本是小巫見大巫。

王老闆：這你就不懂了，錢就是錢，錢多錢少都是錢，只要是懂得運用，就能發揮槓桿效益，怎麼算都比放在保險好！你還是不要再講了，你講不過我的。

你：……

重點

你可以說明保障的功能與價值一百遍，然而，對上述的顧客卻沒什麼用。

當銷售人員與顧客於銷售過程中，彼此都陷入不知所云的繁雜泥淖時，大部份時間，皆是銷售人員追著顧客的問題或擔心的事亂跑一通，導致失去了銷售的掌控性，一旦陷入購買障礙的泥淖，整個銷售周期就拉長，銷售周期一拉長，顧客的購買欲望隨即降低，此時，為了讓顧客趕快成交，銷售人員會更「積極」地咬著顧客擔心或顧慮的每一個問題，想要一一解決，結果，就形成了以下的結構：

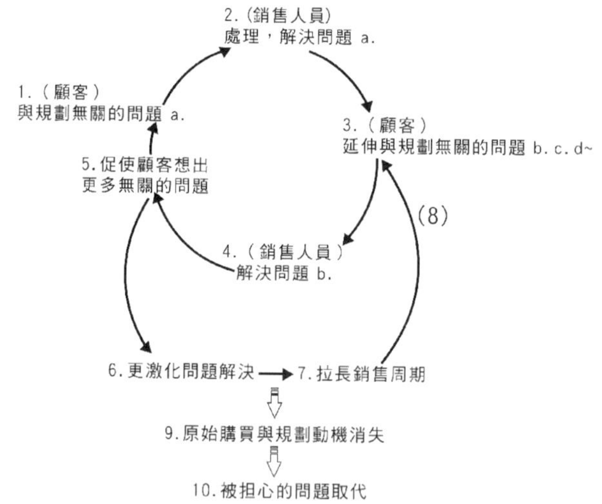

靠腦力

王老闆：最近投資，賠了不少，我對財務規劃跟投資機構完全失去了信心，現在不要來跟我談這些。

你：我瞭解，王老闆，您的意思是說，既然是投資，就會有兩到三種結果：一是賺，二是賠，三是打平，不賺不賠，是嗎？

王老闆：是啊！

你：從投資結果來看，賠，雖讓人不舒服，然而，你是否也贊成，那是三種結果之一，不是嗎！

王老闆：對，怎麼會開心。

你：而您不想要繼續承擔虧損的風險，是嗎！

王老闆：不想再賠下去了！

你：說的真好，那您從這次經驗體會到什麼？

王老闆：我體會到有錢還是不要亂投資。

你：哦，然後呢！

王老闆：找個地方好好放錢，看看有什麼穩賺不賠，或是保本的會好一點，等到時機好的時候再出手。

你：就像複利增值的儲蓄規劃，是嗎？

王老闆：我也不確定。

你：因為您剛講了兩項符合儲蓄規劃的要件，一是穩賺不賠，雖然不是賺很多，因為一談到高報酬，自然要承擔高風險，而您又不願意再承擔，那自然就想到複利增值，第二項就是保本，沒錯吧！

王老闆：我剛剛是這樣說的，沒錯！

你：那，讓我們一起來看看，如何讓時間X複利，效益大於原子彈的作法，能為您帶來哪些好處與價值吧！

王老闆：好啊！

英語有句話說：First things first ！

在銷售人員與顧客彼此都不清楚動機與意圖時，一堆業務員就急著講商品，提供解決方案，有時，心急吃不了熱稀飯！

對顧客來講，在財務規劃上，什麼，才是最重要，對他（她）影響最深遠，而對方卻又察覺不到的，身為銷售人員，自然要培養對顧客的敏銳觀察力，你是否觀察到，這世上約有 80~90% 的顧客，皆清楚自己不要什麼，卻不知道自己要的是什麼！他們往往將自己不想要的，誤當成是自己要的，所以，你可以這麼界定此類型的顧客：

80~90% 的潛在顧客透過跟你說不要的，來表達出他們所想要的！

當王老闆說不想要賠錢，在投資上，你聽到的，是他不要的，那他要的，是什麼？他不要錢有風險在投資上，反過來說，他要的，是什麼？他說因投資失利而對投資機構失去信心，那什麼，才是能重燃信心的依據？

一堆銷售人員「聽不懂」他們的客戶講的是什麼意思，真正重要的，往往不是表面聽到的字眼與問題，而是背後的涵義。雖然這背後的涵義，有時連客戶自己也無法察覺，因此，在表意識層次上，客戶就誤以為那些擔心、購買或規劃的障礙是阻礙他們消費或投資的理由，而銷售人員則誤判的更嚴重，他們把這些阻礙的理由當成拒絕理由來處理，真應了平常我說的：「反應太快，到來不及反應」

你，聽得懂客戶的問題與購買障礙嗎？

都是那個該死的業務員，
沒告訴我這種狀況不理賠!

2

大事顯格局，小事顧感覺（下）

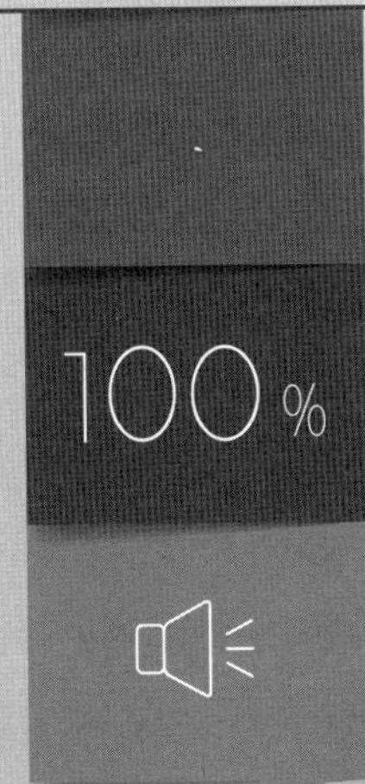

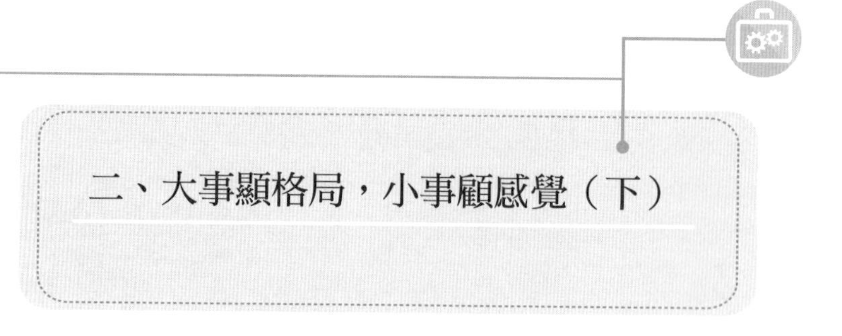

二、大事顯格局，小事顧感覺（下）

我們常聽說：魔鬼藏在細節裡。

不只如此，你也可以說：上帝藏在細節裡，我也常說，「在銷售上，細節說明一切」！

既然「細節」二字如此被世人強調，就代表大部份人，不是沒做好事情細節，大而化之，要不就是在人際互動上，沒注意細節，而導致人際關係緊張，甚至衝突！

在銷售與經營客戶關係上，你說細節是否攸關於顧客的感受；這也是為什麼逢年過節，不是一般人會互送禮物，銷售人員、企業主、採購人員、舉凡一切跟銷售有關連的一串人都很規矩的要送點禮，為什麼？禮薄情義重，說的不就是一方面感謝顧客支持，二方面為了生意長久，經營顧客的關係，關係維繫好了，客戶心中感覺就會更肯定之前的購買行為。

然而，除了送禮這樣不成文的維繫顧客關係行為之外，還有什麼樣的細節，會直接或間接影響顧客的購買行為，以及長期對銷售人員的信任？

靠腳力

王老闆：我原來要做每年100萬六年期，不好意思，上禮拜我先跟銀行買了六年期每年100萬，因為銀行的增值比較高一點，所以，還是謝謝你！

你：王老闆，您之前不是說要給我做嗎！

王老闆：是啊！問題是，銀行代理的那家六年後就900萬，你們公司要二十年才900萬，差太多了！

你：王老闆，話是這麼說沒錯，可是，我跟您的關係，您的保單一直是我服務的，比服務，我一定比得過銀行的行員吧！

王老闆：不然，我在你這作20萬的，好吧！

你：……

重點

濫用和顧客間建立的關係，常常會導致反效果，反而破壞了之前辛苦建立的專業形象與信任感，然而，銷售人員卻往往適得其反地重蹈覆轍，以為能靠這層關係扭轉頹勢，其實，建立在買賣關係上的人情或人際關係是一層薄冰，看似堅硬，實際上卻脆弱不堪，既然如此，為什麼銷售人員會誤以為利用這層關係，能讓case起死回生呢？！

1. 被問題絆住腳
2. 想趕快解決問題，快速成交

這是兩條「直覺」與所謂的「經驗」帶來的線性反應，挑最近的路線走，卻是效果最差的一條路！

為什麼？

當你想到要利用與顧客之前建立的關係，作為「要脅」顧客的武器時，你就破壞了這層關係；同理可證，當你錯誤地利用「人情」做為銷售的依據時，你就破壞了彼此信任的基礎，也許還是能做成生意，只是，顧客對你的專業信任感霎時蕩然無存，銷售人員把自己變成了乞丐，乞求顧客施捨一點業績給他（她），話雖不好聽，卻是實話，到現在，還有業務主管這麼對轄下業務員耳提面命：「去跟顧客還有親朋好友講，你就差他一件業績，考核就過，競賽就達成」「要晉升，就請顧客支持你」，甚至有某些付費的訓練，教導學員，如果顧客不買，你就算跪著，也要他（她）買。

真是無所不用其極地訓練銷售人員當乞丐，這哪有什麼專業形象可言！

靠腦力

王老闆：我原來要做每年 100 萬六年期，不好意思，上禮拜我先跟銀行買了六年期每年 100 萬，因為銀行的增值比較高一點，所以還是謝謝你！

你：為什麼呢？

王老闆：因為，銀行代理的那家六年後就 900 萬，你們公司要二十年才 900 萬，差太多了！

你：王老闆，您說的，是增值型壽險！

王老闆：對！

你：此險種與終身壽險在保費及保障上有何最大不同，您知道嗎？

王老闆：不是很清楚！

你：就兩樣不同，一是增值，一是利率變動！

王老闆：是啊！

你：所以，王老闆，增值型壽險於到期日前，要保人身故；比如，第三年，還不到六年期滿，是不是就沒有增值到 900 萬保額！

王老闆：對吔！

你：另外，既然是增值型，就牽扯到市場利率，或是保險公司投資績效，代表，增值的利率是屬於預定利率，而非固定利率囉！

王老闆：沒錯，沒錯！

你：我再跟您確認一次，您是要作投資規劃，還是要做壽險規劃？

王老闆：本來只是要存錢，後來發現老公壽險也不夠，如果存錢期間不小心掛了，還可以照顧家人。

你：要做壽險，就不要附加利率變動，要做投資或理財，就單純的投資或理財，把兩樣不同功能與屬性的東西弄在一塊兒，您不只要多付出成本，還要承擔期限未滿，風險發生時領不足額的風險，您問問自己，您做任何的保障規劃的初衷，是為了轉移風險，還是為了承擔風險。

王老闆：當然是轉移風險。

你：不管是銀行提供的，或我之前提出的，都不是您現在要的，因為，您要的，不是承擔風險，而是 100% 轉移風險，沒錯吧！

王老闆：沒錯！

你：至於存錢，我們就單純的做理財規劃，透過複利增值的儲蓄，靠時間來累積財富，而不必承擔虧損風險，這，不是很好嗎？

王老闆：沒錯，那就照你講的做，銀行那邊還不到 10 天，我自己會去處理！

關鍵

不是顧客叫你打份建議書，給你預算，你就要照做！

為什麼？這不就是要購買的直接證據與訊號嗎？不然呢！

小事顧感覺，大事顯格局。

記得美國某商學院教授曾講過，顧客永遠是對的，那如果顧客犯錯了呢？「顧客還是對的」，就情感與情緒上講，沒有人願意承擔錯誤，更遑論，花錢的是大爺，顧客當然是對的，因為，花錢的人是不會承認自己有錯的。

真正的重點，不是誰對誰錯，而是，誰注意到了至關重要的細節，此細節的面向包涵的層面廣泛，從大的項目來看，有商品專業知識、顧客真正的動機與商品功能間的異同，對同業的瞭解，以及顧客潛意識訊號的辨識。

急於成交，卻成效不彰，往往肇因於公司、業務團隊、業務主管好大喜功，短視近利的想要「壓榨」出業務員的最高產量，卻不顧及產生績效的過程，經常對業務員、團隊及公司帶來短暫利益，卻造成長期傷害而不自知，彼得 · 聖吉的第五項修練中的核心－系統思考，根本不在貴公司、團隊與主管的訓練與教育體系裡，這不是用可惜二字所能形容的！

這些日子，你的腰圍都變了，
你的保障怎麼能不變呢？

3

在框框外思考

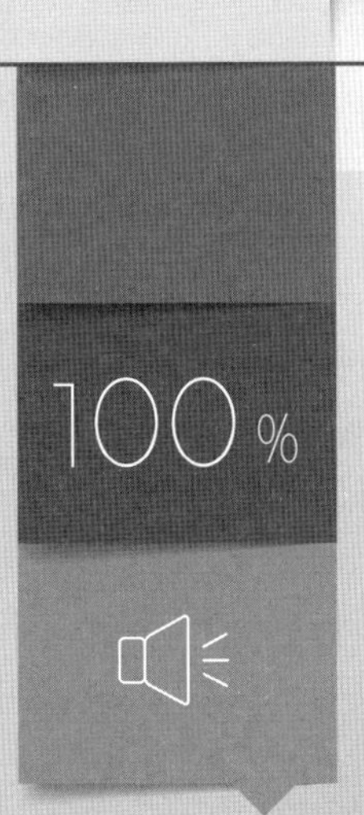

三、在框框外思考

有個學員問我，他的顧客經常忘記繳保費，有紀錄以來，已經有四次幫這位老闆辦復效，不然，之前繳的保費不但拿不回來，原有的保障功能也一併失效，得不償失！

他問我怎麼辦？怎麼樣才會讓他的顧客不要再忘記去繳保費？

在往下讀之前，你可以先想想，這如果是你的Case，你要怎麼做？

靠腳力

你：王老闆，公司通知我，您又忘了轉帳了，這禮拜沒轉，保單就要失效。

王老闆：不好意思，最近店裡比較忙，一直抽不出時間去轉帳。

你：王老闆，您的季繳保費 NT$6000，雖然不多，但是也很重要，過了繳費期，保單一失效，您前面的保費也拿不回來，不是得不償失嗎！所以，您再忙，還是要記得去轉帳，不要再忘了。

王老闆：有時候店裡真的很忙，我要做的事很多，人又不好請，很累啊！

你：我知道您忙，還是希望您別忘了，很重要。

王老闆：我儘量啦！好了，過兩天我再處理轉帳的事，待會我又要做事了，就這樣吧！

重點

針對問題，處理問題，這樣的線性反應若有效，就不會接二連三發生顧客忘記繳保費的嚴重情事；那，需要另外想個什麼好方法，讓他不會因忙碌又忘了繳保費嗎？

不用！想破頭也想不出來

為什麼？

因為，問題不在這位顧客很忙，忙到會忘記繳保費，沒有人會連續忘記五次以上，那是什麼原因，會讓他如此這般？

靠腦力

你：王老闆，這是第五次您忘了去轉帳，我終於弄清楚，為什麼了！

王老闆：為什麼？

你：王老闆，當您從季繳 NT$6000 改為年繳 60 萬保費時，您會忘了繳保費嗎？！

王老闆：當然不會，那麼多錢，怎麼可能忘掉，萬一忘了繳失效，不就之前的也拿不回來，保障也沒了嗎！

你：您講得一點都沒錯，就是因為您現在的保費太少，保障的額度與功能您覺得可有可無，不太重要，有或沒有都沒啥影響，所以，失效也無所謂，我沒說錯吧！

王老闆：是這樣沒錯。

你：一旦您的保費從季繳 NT$6000 增加為年繳 60 萬，您怎麼可能會忽視這年繳 60 萬保費給您帶來的龐大利益與好處，對不對！

王老闆：對！

你：那，王老闆，您知道當您年繳 60 萬保費時，您會有哪些龐大的利益與好處嗎？

王老闆：不知道，有些什麼，我也很好奇。

你：讓我們一起來看看，有哪些龐大的利益與好處，是您可以擁有的！

王老闆：好啊！

關鍵

太快提供解決方案，是銷售人員的通病，此通病來自於以下幾個原因：

1. 好為人師，都想要「快速」「解決」問題，好快速成交。
2. 都想藉由「解決問題」來彰顯自己所謂的專業。
3. 老闆、主管都這麼做，也做的不錯，所以，那就是對的。

傳統業務單位培養了一堆背推銷話術的業務員，這些業務員有的努力打拼，一路做到主管，所以，他們訓練新進業務員的方法，也是他自己之前背的那一套，聽主管話照主管做的做，除此之外，似乎也沒什麼系統化又能突破的策略性架構，可以大幅增加行動的有效命中率，以及突破績效、人力的持續性。

這也是為什麼擔任業務主管、資深業務的你要有所自覺的原因，當你擁有突破性的想法及作法，你要保持平庸的績效很難，反過來說，當你擁有平庸的想法及作法時，要突破、也是比登天還難！畢竟，一年賺 500 萬與一年賺 5000 萬的想法、作法與顧客層級是截然不同的，你說，是嗎！

你原有的知識、習慣與經驗，給你帶來過去與現有的績效與人力，如果你只停留在過去的知識、經驗的框框內，你是無法突破的！

以現有的框架為基礎，將它當成邁向突破之路的踏腳石，然後，一鼓作氣，一躍而起，你才能真正邁向突破之道！

財富的秘密

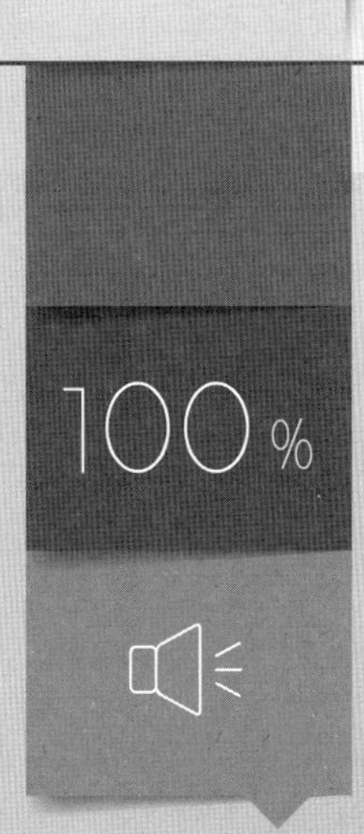

四、財富的秘密

這世上有 80% 的財富集中在少數 20% 的人（見圖一）身上，而卻有 80% 的人賺的錢不到這世界的 20%（見圖二），關於財富的秘密與錢的規律之探討，自有經濟文明史以來，就方興未艾，百家爭鳴，好不熱鬧！

從事銷售，自然也是一份賺錢的行業，那為什麼有那麼多人（80%）靠銷售賺錢，卻只能賺到糊口的收入（20%）？

又為什麼有人（20%）能創造 80% 的財富？在這兩種人同樣都認真努力的情況下，怎麼會有截然不同的成果？

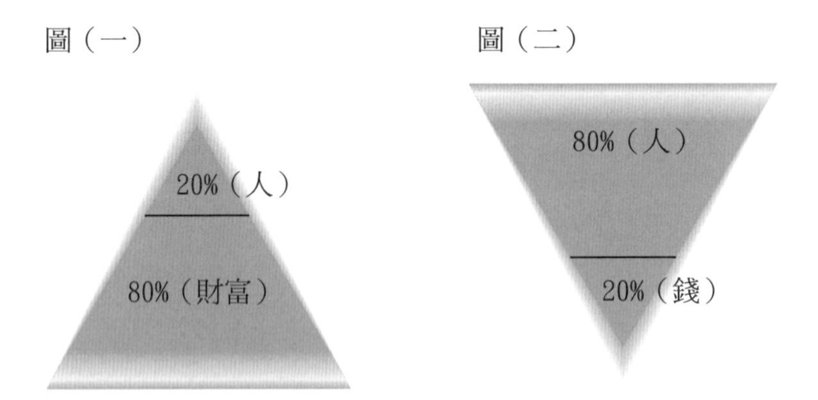

圖（三）

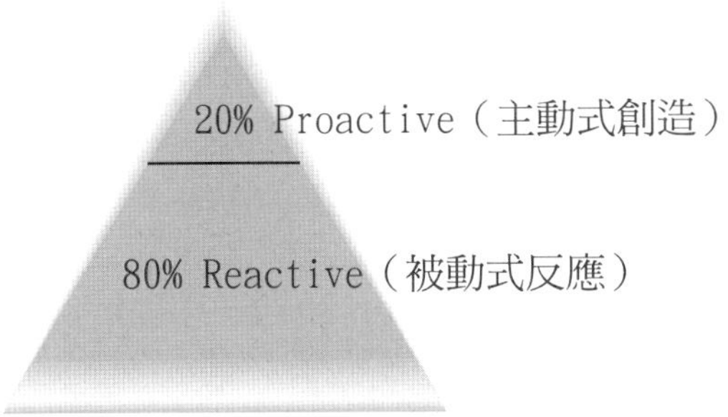

20% Proactive（主動式創造）

80% Reactive（被動式反應）

有時，太簡單的答案，往往讓人覺得不可思議，不容易認清事實。其實，關於財富的秘密，圖（三）就已經闡明！

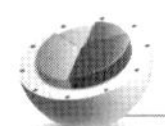

靠腳力

你：王老闆，上次我提供給您的退休金規劃與長期看顧險，你考慮的怎麼樣？

王老闆：剛好你今天來，你也看到，我最近忙著搬家，裝潢還有要改的部分。另外，你也知道，我也要負責新店開幕，忙的焦頭爛額，不好意思，過一段時間再說吧！

你：其實，王老闆，上次我已經跟您說明完了內容，建議書也解釋的很清楚，預算也沒問題，就等您簽約了。

王老闆：我知道，最近真的忙到沒法去想這些事，等過下半年再說吧！

你：下半年？王老闆，這麼重要的退休金還有長看險不是應該愈早完成規劃愈好嗎？等半年會不會拖太久了！

王老闆：不會啦，不急於一時嘛！謝謝你，不好意思，待會我要去店裡忙了！

你：……

窮追猛打常被傳統銷售人員視為態度積極的象徵，或許，他們搞錯方向，而卻不自覺，並且，還不斷地重蹈覆轍，從對一個尚未成交的顧客增加拜訪量就可以看出來，為什麼？

當你的銷售策略愈有效，你見顧客的頻率次數就愈少；相對的，你見顧客的頻率次數愈多，代表你對他（她）的策略愈不奏效！因此，**銷售策略的有效性與見顧客的頻率（次數）成反比**。

離經叛道不是因為要標新立異，而是銷售人員已經不思考，只剩下反應，都靠直覺反應而不思考銷售的本質，商品本身已經有存在的價值，徵員計劃亦有其吸引力，然而，從銷售面去訓練或學習、執行業務時，是從單向的推銷立場發送訊息給潛在顧客，這也是一直以來的銷售人員生存之道。

銷售的本質往往與舊有觀念、作法大相逕庭，為什麼？

一旦，銷售人員從顧客面反推回來思考，作法與效果，還有顧客的反應將宛若兩個世界。

從顧客的角度、立場、心理、與所處的環境去思考要怎麼做，才是有效的策略起始點。取代舊有從銷售人員的立場做為銷售出發點。這是一個顛倒的世界與思惟，祇為要學習如何突破產值十、百倍的人而設，換個腦袋吧！除非你不打算有所突破。

靠腦力

你：王老闆，上次我提供給您的兩項規劃建議，您還記得吧！

王老闆：記得啊！不好意思，最近要忙搬家裝潢，公司的新店也要開幕，太忙，沒時間去想這個。

你：我瞭解，王老闆，您一方面要忙著搬家與裝潢，另一方面，又要顧到新店的開幕，那代表您善於分配資源與時間，不容許有一點疏漏，沒錯吧！

王老闆：沒錯，我的要求很高。

你：既然您這麼善於分配資源與時間，而且標準也高，那您在一邊開店創造資產的同時，是不是也要一邊做好風險轉移，對不對！

王老闆：對啊！

你：而所謂的風險，以您自身而言，是不是包含 1. 人的風險 2. 錢的風險，是嗎！

王老闆：應該是。

你：既然您都已經要開新店創造資產，同時又能督導裝潢搬家事宜，您如此事必躬親，不就是要掌控風險，追求完美，我沒說錯吧！

王老闆：沒錯！

你：那，王老闆，您現在願意來看看，如何有效轉移 1. 人的風險以及 2. 錢的風險了嗎？

王老闆：當然好，這很重要。

關鍵

關於財富的秘密，與銷售致富的秘密一樣：

80% 的人努力賺錢，賺不到這世界 20% 的錢！

原因：

1. 這 80% 的人都在拼老命「賺錢」，「賺錢」這字眼在潛意識裡是個被動性字眼－他們為了生活費、帳單、房貸、車貸、子女教育費……而努力工作「賺錢」。
2. 這 80% 的人大多都是「被動式反應者！」－意思是，等問題發生，再來想辦法解決，只要還過的去，沒問題，就 OK，待問題發生了再處理就好，完全的被動，他們是被動反應之王！
3. 這 80% 的人當中的 80%，往往仇富，他們不喜歡有錢人比他們有錢，有錢人在他們眼裡是罪惡的代名詞，不過，吊詭的是，他們雖然仇富，自己却不斷地追求財富，矛盾至極！

20% 的人，却能創造 80% 的財富！

原因：

1. 這 20% 的有錢人，不被動的「賺錢」，他們「創造機會」= 創造財富。
2. 他們不被動式反應，他們「主動式創造」，與其等問題發生再說，不如預先想好會發生什麼問題，在哪些方面，然後，事先做好預防措施，他們不等待，他們「主動創造」。
3. 他們欣賞比他們更有錢的人，並願意投入所有一切心力及資源，去學習更有錢人創造財富與機會的方法，他們不等著「發薪水」，他們創造機會讓顧客來找他（她），他們不是為了生活、帳單、還貸款去賺錢，他們「主動式創造」，創造機會，不等問題發生，他們主動向前思考，預防問題才是重點！

你呢？

再看一次圖一跟二吧！

5 經營你的顧客，不等於對顧客推銷

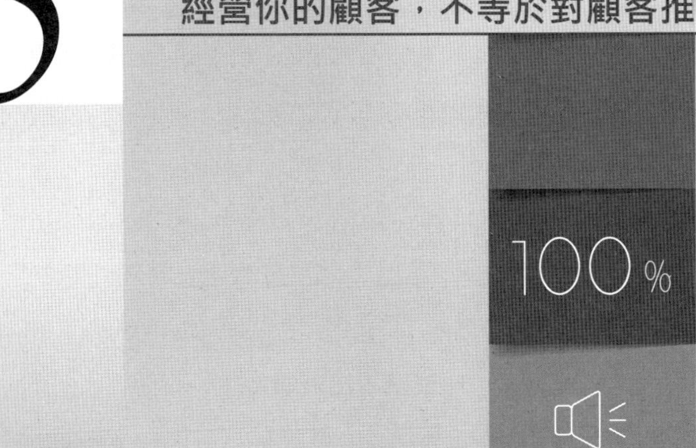

五、經營你的顧客，不等於對顧客推銷

「我最近有一個老客戶，過去跟我買了很多保單，最近我跟他連繫，去了三、四次，每次都說好，但最後都沒購買，最近都不接我電話，只回 LINE，我要怎麼辦？」，一個學員問我，怎麼辦？「怎麼辦？」是什麼意思？我反問「就是怎麼讓他成交」！哦，成交是一種自然衍生的順序－（節錄自**催眠式銷售**一書，高寶出版。大陸地區簡體版－北京聯合出版公司）

這 Case 看起來、聽起來，不大符合自然衍生的順序，這表示，要成交，得重新調整順序，順序對了，結果就是你要的，順序不對，當然，結果就慘了！

哪裡的順序不對？你可以試著辨識看看，一般而言，人們說出來的話，在系統思考中叫做「症狀」，在催眠治療稱為「口語」，合併起來就叫「口語症狀」。

人們的口語症狀會同時透露出表意識及潛意識訊息，如果你不懂得分辨與解讀，往往會陷於去處理症狀，而找不到真正的核心重點，稱為「槓桿」；處理症狀會進到雲霧之中，讓人更看不清事實，結果就更糟！

靠腳力

王老闆：我已經跟你買了很多保單了，現在沒那麼多錢再買，過一段時間再說吧！

你：是沒錯，非常感謝王老闆的支持，讓我有機會持續為您提供服務，那您也知道，您過去所買的保單，也都是您覺得有需要才買的，對您只有好處啊！

王老闆：話是沒錯，都是有需要才會買。

你：這一張不也是您覺得有需要，才建議您買，我不會提供您不需要的，您放心。

王老闆：我知道，不然這樣吧，你把資料留下來，我考慮清楚再通知你。

你：您要考慮哪些呢？

王老闆：我現在還沒想到，想到我再跟你講，就這樣吧！

你：哦，好吧，您考慮好再說，我再跟您確認。

重點

從上例，你可以看出處理口語症狀的後遺症，「症狀解」就像肥皂泡愈弄愈多！

要從人們的口語症狀辨識出表意識與潛在意識訊號（息），不是件容易的事，因為大部分銷售人員並未學習鑽研系統思考，從整體結構面辨識何謂「症狀」，何謂「槓桿」，這也是威力行銷研習會訓練與教學，著重於對「人」的專業，同時，整合在系統思考的結構，才能真正帶領各級銷售人員、業務主管與領導人，持續有效地突破現有績效、人力的作法，而不是傳統的推銷話術與說服技巧！

其實，這位顧客只是表現出正常反應，他（她）是對的，第二章就談過，不論保障或複利增值的儲蓄規劃，都不是用買的，銷售人員與顧客都用了「買」這個字，既然是買，他就是被推銷的對象，而人們大多不喜歡被推銷，不是嗎！

再者，他說他之前就已經跟這位銷售人員買很多，意識上自然就覺得，我已經過去跟你買很多了，現在就沒必要再重複原有的購買行為。

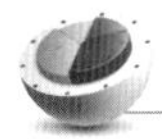

靠腦力

王老闆：我已經跟你買很多保單了，現在沒那麼多錢再買，過一段時間再說吧！

你：王老闆，你還記得之前我和您提的建議吧！

王老闆：記得啊！

你：您就當我什麼也沒說，把建議書丟掉，您知道為什麼嗎？

王老闆：不知道。

你：之前提供給您的，如果是您要的，您早就做規劃了，不是嗎？

王老闆：是啊！

你：到現在都沒做，那肯定不是你要的，沒錯吧！

王老闆：也是。

你：從您的財務與過去規劃來看，您的本質型規劃多，還是，時機型規劃多呢？

王老闆：什麼是本質型規劃？時機型又是什麼？

你：本質型指的是，本來就要做的風險轉移，如壽險、醫療險、意外險、長照險等，本來就要做的保障。

而時機型指的是，在某個不一定的時間點，擁有利率較佳或比銀行定存利率高，同時，又可彌補保障不足的規劃，如投資型保單、分紅型保單、複利滾存的優惠儲蓄險、可賺取匯差的外幣保單或與基金連動的險種，就叫時機型規劃。

王老闆：我懂了。

你：所以，您回想一下，過去您都偏向哪種類型的規劃呢？

王老闆：時機型。

你：很好，既然偏重時機型，那或許您的時機型規劃成本與額度應該高過本質型的額度與成本，沒錯吧！

王老闆：是沒錯。

你：那表示，您的風險比您的時機型規劃帶來的效益更大，難怪之前的規劃不是你要的！

王老闆：也對。

你：原來，風險轉移的本質型規劃，才是您潛意識想要的，只是，您一直沒發現而已，對吧！

王老闆：沒錯。

你：您問問自己，是否願意讓自己的財務或健康曝露在風險中，只因自己小小的疏忽嗎？

王老闆：當然不願意！

你：那要怎麼辦？

王老闆：那就看看要做些什麼，要怎麼做囉！

關鍵

經營顧客就是經營自己的事業，只顧著推銷、說明、促成、建立或利用人情來達到自己的銷售目標實不足取，然而，大部份的公司、業務主管與銷售人員依然樂此不疲，殊不知，顧客們，早已被過去的銷售人員給訓練的，知道該怎麼去防堵業務員的人情攻勢、產品導向的推銷了！

對顧客過去與現在規劃過的歷史、經驗與屬性不但要有興趣，同時，也要誘導顧客選擇

1. 什麼是對他（她）目前或未來最有利的規劃，在哪幾個標的上？
2. 什麼是可與他（她）原有規劃在屬性或功能上可互補之功能與價值。
3. 又或者，最基本的，什麼是他（她）該有，卻還沒有的規劃標的與利益。

換句話說，你不是去推銷一個產品，而是讓顧客願意自動地與你產生良好的互動，不知不覺地讓他（她）透露出原來擁有的及規劃的喜好，這樣，你也才知道你的介入施力點是什麼，槓桿點要如何找到，一旦槓桿出現，顧客意識與行為將會隨著槓桿而運行，俗稱「借力使力，而不費力」。

不過，簡單，是從「複雜」來的！

你也許不想再多花一塊錢，
除非每一塊錢都能為你帶來10塊錢的價值。

6

遇到極度固執、主觀甚強的顧客時，你該怎麼辦？

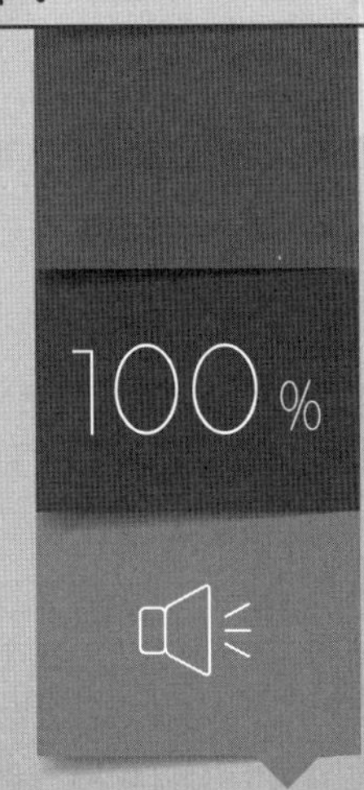

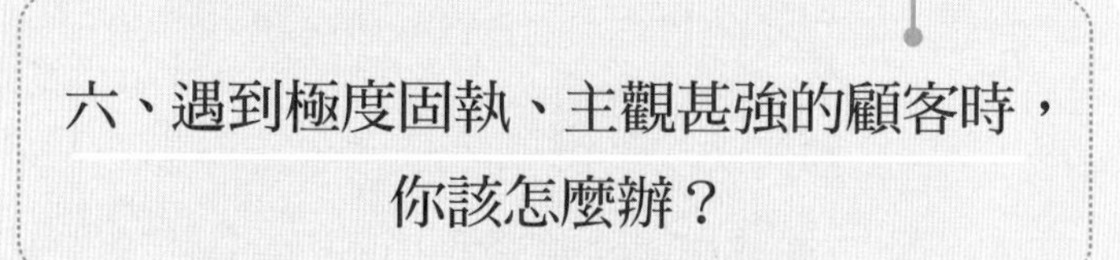

六、遇到極度固執、主觀甚強的顧客時，你該怎麼辦？

說不動的顧客，總是有自己人生經驗或環境背景帶來的「獨到」見解，有時，是其人格特質所帶來形之於外的行為表現，往往會和銷售人員唱反調。這也是自 1997 年我創辦威力行銷研習會的初衷，大部分（99.9%）在銷售上搞不定的，不是產品、價格、徵員計劃與銷售人員拜訪率的多寡，而是，搞不定「人」。

你開發銷售的對象是人
你徵員的對象是－人
你輔導的 Agent －是人
你自己－也是人

在銷售事業上，把「人」搞定，Case 就搞定了，不論在個人銷售、徵員或是帶領團隊、輔導 Agents 皆然！

然而，對「人」的專業，卻不是各大保險公司、經紀人公司訓練銷售人員的重點，他（她）們太愛自己的商品、公司與徵員計劃，這是對的，然而，却忽略了同樣重要對「人」的專業。

對「人」的專業，在銷售與領導統御的過程與成效上，怎麼強調都不為過！

靠腳力

王老闆：我跟你講，你不用說這麼多，你把資料擺著，我自己會算！利率、保障我都很清楚，不用你說明。

你：可是，沒有說明，你怎麼會知道這份建議書的重點呢！

王老闆：重點我自己看就知道，其它細節不重要，只要看到利率高低，就知道要不要做，划不划算，放著吧，我自己會看。

你：可是，王老闆，除了利率，還有其它的功能啊。

王老闆：就跟你講那些都不重要，我自己知道該怎麼做！

你：……

重點

銷售在面對顧客時，要順著顧客的人性走，銷售人員自我訓練時，要逆著自己的人性走，顛倒順序，你就毀了！

為什麼？

不論顧客的主觀意識有多強，他（她）也還是「人」，只要是人，主觀意識的強弱皆為可運用之資源，如果你將之視為拒絕或抗拒處理，或硬著頭皮要說服他（她），那就是自找麻煩。

順著顧客的主觀意識，他（她）自己就能找到轉換的槓桿點；一個主觀意識強的顧客不要你說明，不是拒絕你，他（她）正表現出其接收資訊、消化資訊並進而選擇採取行動的模式，如果你看不懂，腦袋光想著：「怎麼辦，他（她）根本就不聽我說明，那要怎麼樣才能讓他（她）聽我說明？」你就真的要去換一顆新的腦袋，免得浪費時間、精力，銷售也不見突破！這也就是說，要突破，成交命中率比原來好十倍以上，你要先學習突破你自己，並勇於挑戰舊有的銷售方式，畢竟，做肉粽的原料與方式，你不能期望它最後產生起司蛋糕的結果與價值。

靠腦力

王老闆：我跟你講，你不用說這麼多，你把資料擺著，我自己會算！利率、保障我都很清楚，不用你說明。

你：王老闆，如果你只在意利率與數字，您要看的，就不只是單純的利率與數字，您知道為什麼嗎？

王老闆：不知道？

你：2.25% 的利率您不會覺得高吧！

王老闆：不會！

你：那跟銀行定存利率 1.25% 比呢，誰高誰低？

王老闆：2.25% 高啊！

你：一年多 1%，10 年就多 10%，有沒有差別？

王老闆：當然有差別。

你：當您把 500 萬放在銀行，跟放在優惠轉存的儲蓄帳戶裡，您應該會想看看，經過 10 年後，您的錢會有多少與多大的變化。

王老闆：哦，那我還真想看看，有什麼不一樣？

你：王老闆，您為什麼想看看這之間的不同呢？

王老闆：這樣我就知道孰優孰劣啊！

你：知道孰優孰劣後，您要做什麼呢？

王老闆：我才知道怎麼做比較好，不吃虧嘛！

你：王老闆，我瞭解了，這樣您才知道要怎麼做才是最好的，是嗎！

王老闆：是啊！

你：那，就讓我們一起來看看，這之間的差異吧！

王老闆：好！

關鍵

顧客主觀意識強，不聽你說明，只看利率與數字，其它一律不重要，那很好，就利用他（她）的主觀意識與吸收、消化資訊的方式，來影響他（她）自己，不就好了嗎！為什麼硬要逆著他（她）的人性，而順著你的人性走呢？！

如果有人跟你說「那隻貓好大」，你會不知道他說什麼，因為你沒有畫面，也沒有一個相對物可資對比，所以「那隻貓好大」對聽到的人而言，有說等於沒說！

「站在收音機旁邊的那隻貓，好大」，你突然有畫面，因為，有相對比的物件，同理，既然他（她）要自己看到利率與數字，表示他（她）比較會依據利率數字高低來衡量是否要做規劃，那就用另一組利率與數字來襯托出其要比較高、低做為決策依據；說明，在這階段，還真不是個重點，**他（她）又沒要，有什麼好說明的呢！**

銷售時，要放下自我，才能成就更高的自我！

你要說什麼，問什麼，做什麼，都不是重點，你的顧客呈現什麼，你是否能觀察辨識，以及如何利用你所觀察的，當成槓桿，似乎才是真正的重點，你覺得呢！

你現在所投資的每分錢，
都在你的退休帳戶裡膨脹、發酵...

7 啟發你的顧客，不是推銷

七、啟發你的顧客，不是推銷

我曾在催眠式銷售這本書中，揭露一項關於顧客端被推銷人員推銷多年後，產生的心理變化，過去銷售資訊氾濫，推銷員無孔不入，也無所不用其極的對目標對象推銷，頻率、次數之多，久而久之，人們就大多會有如此這般的反應！如果你在路上、捷運站隨便攔下一位路人，問他（她）們喜不喜歡被業務員推銷，或接到推銷人員的推銷電話，你應該很快就知道，對方的答案與反應會是什麼了！

有位學員有次很急的打電話來，問我說她的顧客原來已經答應要做外幣保單（那時是美金）的規劃，一年要放10萬美金，都已經講好了，也簽了約，只是沒陪顧客去銀行領錢轉帳，結果顧客自行前往銀行處理，而銀行理專卻把這位顧客給「洗」掉了！理專在瞭解顧客為什麼要領這麼多外幣與用途後，也提了一份銀行代理某保險公司的外幣保單，並且證明，在相對等的保費之下，利率比較高，年期也一樣，你可以想見，這 Case 就要被「洗」掉了！

學習系統思考的好處，自然是從整體結構尋求突破的槓桿，只是要不斷的閱讀、練習與接受訓練，並非上一堂課就能熟練運用，特別是在每件 Case 都不會一樣的情況下。

靠腳力

王老闆：妳看這是銀行給我的美元保單的建議書，妳算看看，是不是利率比妳的高！這叫我不跟銀行買也很難吧！

你：王老闆，我已經看過也算過，他們的利率真的比我們的漂亮，不過，憑我們的交情，還有為您服務這麼多年，至少您也可以幫我一下啊。

王老闆：我是很想幫妳，所以我先拿銀行推荐的來給你看，不然，當下我就應該會跟銀行買了，你看看可不可以跟他們提供一樣的利率？

你：唉！公司出的商品，我也不能隨便說調高利率就調，這是公司精算過的，不可能改，您就當幫我一次，而且，我的服務您又不是不知道，一流的！

王老闆：這不是幫不幫的問題，妳要我怎麼幫，錢就是錢，差了 1% 之多，10 年下來就差 10 幾 %，而且還是美金，我看，如果妳們不行，那我就只能跟銀行買了！

重點

傳統業務員還蠻喜歡以「人情」作為推銷的手法，在這過去 50 年來也一直是大部分銷售人員「不知不覺」就會用到的，而他們也覺得無傷大雅，不然，跟潛在顧客泡茶、聊天、請吃飯等等建立關係是要做什麼用的呢！

曾幾何時，「人情」反過來變成銷售時最大的阻礙之一了。不僅如此，它還扼殺了銷售人員在潛在顧客心中的專業形象與地位，基本上，當你以「人情」做為銷售依據時，你已經失去了潛在顧客們對你的專業信任感！縱使成交了，那也是系統思考稱為：「有短暫利益，却造成長期傷害」，所謂「飲鴆止渴」的系統基模。

靠腦力

王老闆：妳看，這是銀行給我的美元保單的建議書，妳算看看，是不是利率比妳的高！這叫我不跟銀行買也很難吧！

你：王老闆，我已經看過也算過，他們的利率真的比我們的漂亮，您是不是認為就數字上來看，應該要跟銀行做規劃，沒錯吧！

王老闆：是啊！

你：王老闆，這麼說好了，當您有天要換車，到A經銷商買是原價，到B經銷商買則便宜了3萬塊錢，然而從交車日起，任何保養、進廠維修，您都要親自把車開進維修廠，等車弄好了，他們再通知您，您再花時間去廠裡把車開回來，而您是一位大老闆，海峽兩岸都有生意，飛來又飛去，時間對您來說也許是最珍貴的資源；這是第一個選擇。

王老闆：那第二個呢？

你：第二個選擇，當您跟A買了同一輛車，從交車日起，只要是任何保養、進廠維修，都有專人將車開回維修廠處理，等處理好了，再將車開回交還給您，這期間也提供代步車供您使用，您是一位大老闆，兩岸都有生意，時間就是金錢，請問，您現在會跟A，還是B買車？

王老闆：當然是跟A買啦！

你：為什麼會跟A買？

王老闆：這還用講！它的服務，還有我的時間跟方便性吶！

你：您說得一點都沒錯，王老闆，您回想一下，一直以來，不論是房產合一如何節稅、資產保全、風險轉移等專業理財規劃的訊息，是不是都是我主動邀請您來說明會，好幫助您在專業知識下，做好資產倍增與資產保全的依據！

王老闆：是啊！

你：而銀行理專是在您上門領錢的時候再向您推銷的，是嗎？！

王老闆：是這樣，沒錯！

你：王老闆，如果我多年來提供給您的主動性服務，其價值還比不上銀行多給您的那 1% 利息，那您可以直接把我 Fire 掉，跟銀行做規劃就可以了！

王老闆：好了，妳不用多說，不囉嗦，當然是跟妳做規劃，這些日子妳提供的服務早就超越那 1% 的價值，就照妳規劃的來做吧！

關鍵

案例 1. 是傳統業務推銷的內容，案例 2. 則是啟發顧客的架構，「啟發」一詞指的是「啟動並使其發現」，是使顧客內在驅動力啟動的架構，你是否能發覺這其中最大的不同是什麼？

一個簡單的同類隱喻是比較有效的作法；然而，若是用告知或說明的傳統推銷方式，像案例 1. 一樣，去告知顧客，你的專業服務價值何在，是完全徒勞無功、浪費口舌的動作，既然如此，為什麼一堆資深業務員與主管仍樂此不疲？

他們對推銷、促成、解決問題有興趣，對顧客（人），沒太大興趣！

他們喜歡針對一個問題，去想一個相對性的解決方法或答案，以為解決了問題就沒問題，既然問題被解決了，就能成交；沒料到，解決

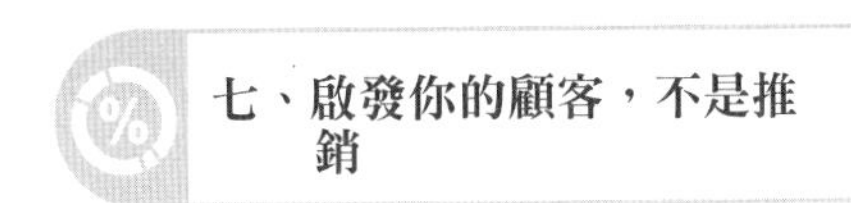

完一個問題，竟然還會出現其它問題。

他們不愛鑽研「系統結構」，因為「系統結構」要迫使他們「動腦」，而他們不喜歡動腦，他們依賴「直覺反應」或「直線性反應」，不過，你會發現，銷售時愈怕麻煩，就愈麻煩！還是訓練自己，動動腦吧！

你有兩個每個月要花學雜費的孩子、一個住院的母親、一個在家等買菜錢的老婆，還有你那分期購買的房子...而你到現在還沒心情聽聽未來你該怎麼辦 !?

8 One man, One Engine.

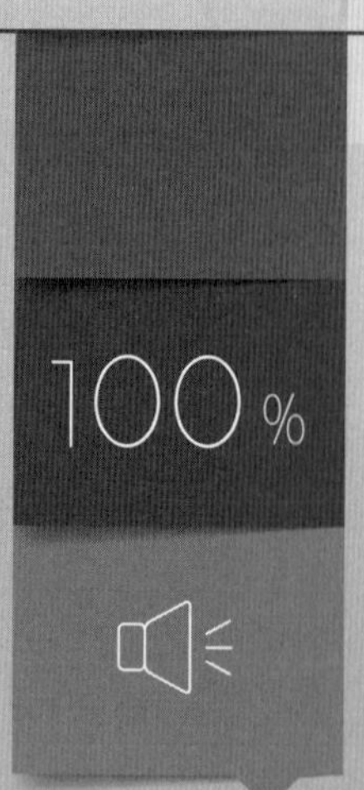

八、One man,One Engine.

為什麼名聞世界的超跑及名車，都時興 one man, one engine?

不只如此，他們更在車子組裝線上，用金屬銘刻引擎技師的簽名，並貼在引擎上，讓車主一打開引擎蓋，就會看到負責的技師是誰。

在台灣，咱們叫這種技師為「黑手的」－台語發音，黑手的技工與師父，在我們這裡的社會階層與文化認定，是一群「不會念書或不認真讀書，成績很差，老師放棄的學生，最後的出路，去跟黑手的師父當學徒」。

「黑手的」由來應是形容技師在修理機械時，手上的油漬讓手變得黑黑髒髒而得名。而一般人對「黑手的」工作環境也欣然接受「髒髒的」，充滿油污的場所，工具散落在地上，而也絕不會有人會在地上打滾。

有回，我參觀了英國超跑 McLAREN，負責接待的業務告訴我，在英國的組裝廠當地負責接待經銷商的主管，會親自跪在廠區的地上親吻，向他們證明就連工廠都要求到一塵不染的境界，不只是因為他們的老闆有潔癖，每一個有關於造車與設計執行的細節，皆馬虎不得，這也是 F1 賽車常勝軍造車的終極理念，造價不斐？沒錯，終極的駕馭體驗？只給少數人擁有，應該說，只給懂得欣賞的人擁有！

靠腳力

王老闆：你們這些做業務的，一張嘴能把黑的說成白的，死的說成活的。

你：也不是這樣講，王老闆，如果沒有我們那麼辛苦的跟您介紹說明保全資產的內容，那您不就沒有資訊來源了嗎！更何況，王老闆，這也是您有需要的，不是嗎！

王老闆：有需要，不過不是現在。

你：王老闆，風險跟意外，不知是哪一個先到，天有不測風雲，這很難講，寧願現在做好，也不要等風險發生時後悔不及，我相信您也懂這個道理。

王老闆：我當然懂，只不過，你談的也是一大筆金額，而且要連續好幾年，這筆錢我拿去投資，可能都還比較有效益，做生意，不能讓錢「凍」在冰箱好幾年，這是不對的，我又不是腦袋有問題，還是就這樣吧！

重 點

你對銷售的定義，將決定你在銷售事業上的命運！

如果你的銷售績效不彰，認真老半天還賺不到什麼錢，命運坎坷至極，三餐不繼，家人反對你繼續幹下去，顧客也瞧不起你的專業…算了，不能再講下去，離陣亡不遠矣！

業務員是商品推銷員，商品解說員，賣弄人際關係的公關，解決問題的問題解決者，不論你對銷售的定義是哪一項，最後，你都會成為你自己定義的那一種人，發展出屬於那樣的銷售行為模式，而且，自己還不自覺！

靠腦力

王老闆：你們這些做業務的，一張嘴能把黑的說成白的，死的說成活的。

你：王老闆，您的意思，應該是您不喜歡被傳統的業務員推銷，是嗎！

王老闆：是啊，你怎麼知道！

你：這意思是說，只要不被推銷，然後，您發現資產保全的確能為您平衡投資產生的風險，同時，那也是您要的，那您自己就可以規劃了，不用講那麼多，對不對！

王老闆：對！沒錯！

你：OK，王老闆，，那，您認為，什麼是在保全您的資產上，最重要的一件事呢？

王老闆：應該是節稅吧！

你：很好，還有嗎？

王老闆：再來就是規避投資風險囉！

你：還有嗎？

王老闆：其它我想不到了！

你：王老闆，您的意思是說，在保全資產的規劃上，您最在意的就是：1. 節稅 2. 投資風險的轉移或控管，是嗎！？

王老闆：沒錯！

你：既然如此，那我們何不一起來看看，這要怎麼做！

王老闆：好啊，怎麼做？

銷售，是建立在幫助顧客得其所欲的基礎上，你成功幫助的人愈多，得到的成就、價值感與收入自然水漲船高。相對於一味的推銷或利用人情來推銷，你自己就能一分高低，孰優孰劣！

在人性的結構上來說，**人們有不要的，反過來說，就有要的！**

人們不要肥胖，反過來，要的是什麼？人們不要被推銷，那反過來，他（她）要的，是什麼？

你要訓練自己去思考，正反二面都是力量，也都是資源，不是只呆呆的想著，顧客說不需要，太貴了，考慮考慮，你要如何解決，這不是去想解決方法或答案，而是一種正反二面的思考訓練，你的公司與主管不會這麼訓練你，你要自己訓練自己。每天我們都聽到商業媒體談產業升級與創新，企管顧問專家又不斷創造企業管理新名詞，賦與新的定義，全世界的產業都在追求進步、突破、創新，像是一艘停不下來的快艇，妄想用超音速飛越海面，而同時又要求穩定不會翻船一樣，雖然目前尚無結論，然而，你會發現，傳統的以人為主的業務團隊，卻仍停留在舊有的思惟與做法上，絲毫無動於衷，反正只要有業績就好，團隊只要有人就好，業務員來來去去也沒關係，人海戰術竟也成為某些業務領導人發展業務團隊的手法，黑手師父型的銷售人員與企業家型的銷售人員當然有其劃分的必要，雖然，企業家型的業務，其產值是黑手師父型業務的廿五倍，不過，你猜猜，是哪一種型的業務員多呢？

黑手師父型業務	企業家型業務
銷售依據：人情銷售 自我定位：商品解說員 銷售方式：告知、說明、說服 銷售對象：以每個人為對象 重視標的：銷售周期長、重視顧客拒絕理由處理 成交命中率：命中率 20%（成交） 銷售信念：重視拜訪量 銷售設定：經驗導向	銷售依據：學習建立對人的專業 自我定位：發掘與激勵顧客採取購買行動的專家 銷售方式：觀察、描述、確認 銷售對象：以特定族群為對象 重視標的：銷售周期短、重視前置作業 成交命中率：命中率 80%（成交） 銷售信念：重視命中率與持續性 銷售設定：知識與建立系統

有的問題一文不值，有的問題卻值千金，
你現在要聽哪一個？

9 顧客買的，不是商品本身

九、顧客買的，不是商品本身

什麼？！顧客買的，不就是商品嗎！

怎麼不會是商品本身？

不相信？

你可以去問任何一個開 BMW 或是 Ferrai 的車主，為什麼非買價格昂貴的名車，在理性邏輯上，不是只要有個四輪的交通工具，可以載著到任何想去的目的地就好，TOYOTA、Nissan 價格親民多了，又省油，那多出好幾 10 倍，甚至百倍的價格，再加上一點也不省油，不過就是輛車嘛！幹嘛花那麼多、多餘的錢去買輛 Maserati ？

完全不合邏輯，是嗎？

也許你會說，保險或金融理財商品又不是汽車，人們不會有品牌情節，在做任何金融理財的購買與規劃時。所以，任何的保險、金融理財的商品在銷售時，顧客都會透過專業的銷售人員，理性睿智地經過需求分析，讓顧客在最理性的情況下，做出最理智、聰明的購買行為與決定。

哦，那是政府部門的監管傳統業務員自以為是的烏托邦，與現實人性完全不符的理想世界。

還記得 2008 年金融海嘯嗎？再回頭查看當時的肇因，不就是從次級房貸，衍生性金融商品銷售而來的，那個時候難道美國沒有金融監管單位來監督金融單位嗎！

消費、投資、購買，永遠和人的欲望有關；理性，是透過人們的主觀意識包裝後的欲望表現，說穿了，還是欲望，只是透過主觀意識的包裝後，讓人們「以為」那是一種理智、理性的消費行為，如此而已！

人們的購買行動，來自於購買衝動，而購買衝動，來自於購買欲望，欲望則來自人們的潛意識，而不在表意識！理性是表意識司掌的功能，不存在潛意識裡。

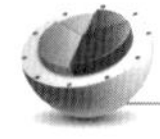

靠腳力

王老闆：說實在話，你真的覺得我有需要保險嗎？

你：當然有需要，怎麼會不需要。

王老闆：你認為我會缺錢嗎！？

你：不缺，您是上市上櫃公司的執行長，應該是不會缺錢，可是，風險不一樣，它不會因為您有錢，就不會碰到，不是嗎！

王老闆：那你覺得，風險來時，我的能力是否能應付，還綽綽有餘！

你：話是沒錯，以前也有像您一樣的大老闆也是這麼說，可是，畢竟風險轉移給保險公司，不是比較好嗎！

王老闆：謝謝你，你很認真，不過，你應該知道我是沒有需要的，錢多一個零或少一個零，對我沒太大影響，還是謝謝你！

重點

許多資深業務員或是主管都會說業務做久了，最主要跟顧客談的是觀念，只要顧客認同你這個人，商品是不用說那麼多的，顧客自然就會購買；他們說的應該是真的，因為，他們的業績大都十之八九是這麼簽進來的！

只是，談觀念的人很多，現在許多潛在顧客比銷售人員還有觀念，不論在投資、理財或保障上，那麼多人強調觀念溝通與傳遞的重要性，為什麼還是有那麼多業務員的績效不彰？！惟獨少少的那幾位成績很棒的資深業務員呢？！

靠腦力

王老闆：說實在話，你真的覺得我有需要保險嗎？

你：王老闆，我懂您的意思，您的財富雄厚，根本就不缺錢，哪裡會需要保險，對不對！

王老闆：是啊！

你：您聽聽看有沒有道理，您有十億的資產，而我有一千萬的總資產，所以您的資產是我的幾倍？

王老闆：一百倍！

你：沒錯，那代表您的命比我值錢一百倍，沒錯吧！

王老闆：應該是！

你：那代表，您的財務風險也比我高出一百倍，對不對？！

王老闆：為什麼？

你：因為，我如果做生意全賠，是一千萬，您是十億，您的財務風險不是比我高出一百倍嗎！

王老闆：這麼說也沒錯！

你：那您的保障，有沒有比我高出一百倍？

王老闆：當然沒有！

你：所以，如果您以為資產愈多，就愈不需要保險，事實剛好相反。您知道為什麼嗎？

因為您的財富愈多，代表您的生命就愈值錢，資產愈多，資產風險也跟著提高，而風險愈高，您就愈要做好人身健康、生命安全與資產保全的風險控管，王老闆，我沒說錯吧！

王老闆：聽起來有道理，那我要怎麼做，做些什麼？

你：您可以自己選擇優先順序，一是人身健康，生命安全的風險轉移，二是您努力創造的資產保全，您要從哪一部分先開始？

王老闆：應該是先從人身健康，再來是資產保全。

你：為什麼呢？

王老闆：健康是第一要務，疾病風險轉移做好了，再來談資產保全吧！

你：我瞭解了。

當你銷售時的觀點比顧客高，他（她）就會跟著你的鋪陳走。

當你的觀點與顧客一樣高，你們就會形成拉鋸！

當你的銷售時的觀點比顧客更低，你就完了！

什麼是**更高的觀點？**

如何具備更高的觀點？

至於為什麼要具備更高的觀點，你應該很清楚原因何在。

觀點與觀念二字是完全不同的，觀念，是一種較形而上的概念，

它不必是明確的標的，可以是一種或多種想法；而觀點，則是較明確的標的，可將某種觀念附著於明確的標的上；觀念較趨近於形容，而觀點，則有實際的名詞呈現。

銷售人員具備更高的觀點，是要特別學習與鍛鍊而來的，相對於高觀點，則是低觀點層次的銷售，商品導向的銷售是屬於低觀點層次的銷售，任何的促銷辦法（降價、贈品、折扣優惠…）也都是屬於低觀點層次的銷售。顧客導向的銷售與專業影響力的銷售則屬於高層次的銷售。

即便如此，80% ～ 90% 的銷售人員仍處於商品導向的推銷，不在高層次的觀點範圍內，因此，他們的腦袋裝的大部份都是「如何成交」，而不是「如何讓顧客自己跟自己說要」；要訓練自己從一個傳統的商品推銷員，到成為一位讓顧客自己要的專家，你必須學習建立並具備：

1. 對「人」的正確解讀力
2. 對「系統結構」的正確辨識力
3. 對「名詞」與「事件」的正確定義或重新設定的能力

那麼，你要如何學習具備並擁有比顧客與競爭對手更高的觀點呢？

請參閱「超感應銷售」一書，第 9 章：為什麼顧客喜歡能啟發他（她）的人，而不是傭人？（高寶書版，作者：還是張世輝。）

10 人生，最大的風險就是，忽視風險

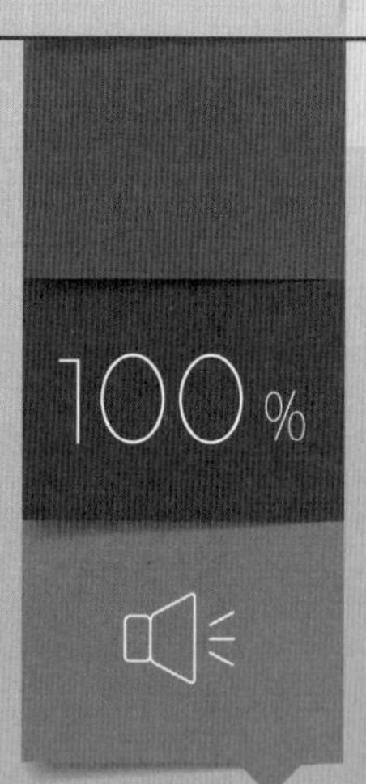

十、人生，最大的風險就是，忽視風險

趨吉避凶，不只是古代占卜或現代命相、星座解析之事；保障（險），亦可被視為現在占卜之顯學，它不用測字、摸骨、看面相，就能將你這輩子有錢、沒錢、健康、不健康、壽命長短的大部份風險項目列出，並一一搭配你年齡、身心健康、收入、家庭人口數及所承擔的家庭責任、企業家責任列出每項風險你所要承擔的代價，並逐項標上價錢，讓你知道自己所承擔風險或轉移風險給保險公司，各自要付出什麼樣的金錢代價。

保險－現代占卜之最終極呈現！

既然如此，人們為什麼還是會忽視風險呢？

主要原因，不外乎：

1. 怕被推銷、不想花錢買保險。
2. 怕有人情壓力，業務員死纏爛打。
3. 太有錢，不在乎風險，覺得不需要，自己就能承擔風險。
4. 太窮，或負債太多，連三餐都不繼。
5. 有不愉快的購買經驗。
6. 覺得保費太高、利率太低，和投資比較起來。

7. 不喜歡面對風險、討論風險，認為會觸霉頭，或忌諱。
8. 不想讓業務員或保險公司、保險經紀人賺他（她）的錢。
9. 覺得保險公司都在騙保戶的錢。
10. 保單條款解釋空間大，不一定會理賠或全數理賠，認定自己是相對弱勢。
11. 還不只如此，有人認為自己不會那麼倒楣，什麼疾病、意外、退休金不足等風險都不會發生在他（她）身上。
12. 更有人說，不要留錢給家人，於身故後。

幹嘛，是有仇嗎！

靠腳力

王老闆：我才剛創業，不急著做退休金規劃。

你：王老闆，你雖然年輕有為，可是，你愈早做好退休金規劃，以後年紀大就沒有負擔，不是嗎！

王老闆：可是我現在有負擔吶！創業維艱，到處都要用到錢，我現在沒有心思想這個。

你：王老闆，現在做規劃正是時候，因為再過幾天就要停賣，以後就沒有那麼好的條件，若要有同樣的利率跟功能，以後保費就漲了，你要不要現在立刻就買下這張單。

王老闆：我現在還真沒想這件事，停賣、漲價，不關我的事，等以後再說吧！

傳統的銷售思惟，並不會將顧客的問題，轉換成資源用，所以，把問題當成問題來處理，其後遺症顯而易見：會引來更多問題，讓急於成交的銷售人員疲於奔命，窮追猛打，依舊成效不彰。

要學習將問題不當成銷售阻礙，而要當成資源，首要之務，是不去製造讓顧客有說「不」的機會，預防勝於治療，而不是等問題發生，再去被動的想要怎麼解決！

孫子兵法中，他主張：「上兵伐謀，其次伐交，其次伐兵，其下攻城。」運用在銷售實務上，亦有異曲同工之妙，「銷售時，要讓顧客尚未有防備或不引起抗拒下，即已成交，並封殺其考慮競爭者的產品及服務。」－上兵伐謀

「次等的就是讓顧客有抗拒與異議，與之交戰，處理並解決各項抗拒。」－其次伐交

「再次等者，與客戶進行價格之爭，或處理之前的抗拒而產生的更多衍生的問題」－其次伐兵

「最下等之策，是與客戶爭辯，而導致贏得雄辯，失去訂單。」－其下攻城

靠腦力

王老闆：我才剛創業，不急著做退休金規劃。

你：那當然，王老闆，你這麼年輕就創業，而且已經有一定的規模，

真不簡單。

王老闆：還好啦，也是很辛苦，很努力得來的！

你：沒錯，這就是你令人激賞的地方，這麼年輕，比許多同年紀的年輕人要成熟，有企圖心多了，對了，我想請教你，你剛剛是不是說還年輕，不急著做退休金規劃，是嗎！

王老闆：是啊！

你：那你在 10 年或 20 年後，你也還在壯年期，沒有退休，而每年或每月卻都能領到 10 ～ 100 萬，不管你怎麼稱呼這每年或每月領到的錢－退休金、旅遊金、孩子教育基金，皆可，你覺得有領好，還是沒領好？

王老闆：當然領好！

你：為什麼領，比較好？

王老闆：有存當然要領啦！

你：那你知道這要怎麼存，怎麼才能領到嗎？

王老闆：不知道，要怎麼做？

你：現在讓我們一起來看一看，這要怎麼做！

王老闆：好

反應 （線性）與思考整體結構的能力是截然不同的。當然，運用在銷售與領導業務團隊或經營企業上也會相差十萬八千里。

要丟掉直線性反應（指得是針對問題去想解決方法）的主要原因，是因為，問題像肥皂泡，愈弄泡泡愈多！而人們傾向於去處理問題並對問題作反應的原因，往往來自於經驗與直覺或特有的人格特質，甚至是家庭教育環境，又或者，直線性反應不必動用太多腦力所致！

動腦時間：有購買能力的顧客說還年輕，不需要做退休金規劃，反過來的意思，就是，還年輕，就能領到退休金，然而還不到退休的年齡！這樣，接受吧！

既然顧客的反應是接受的，那表示你不能只聽他（她）字面上的意思，那是表意識的反應，而他（她）真正的意思，是在潛意識裡，連他（她）自己都無法察覺，因為無法察覺，所以你會以為他（她）說的意思就是字面上的意思，連他（她）自己都這麼認為！

直到你能分辨潛意識的語言與訊息，你也才能藉由 1. 觀察人們的潛意識反應 2. 整體結構的辨識，找到突破的槓桿點。

分辨人們潛意識的反應，請參閱「超感應銷售」一書，－高寶書版，裡頭有詳盡的案例與說明！

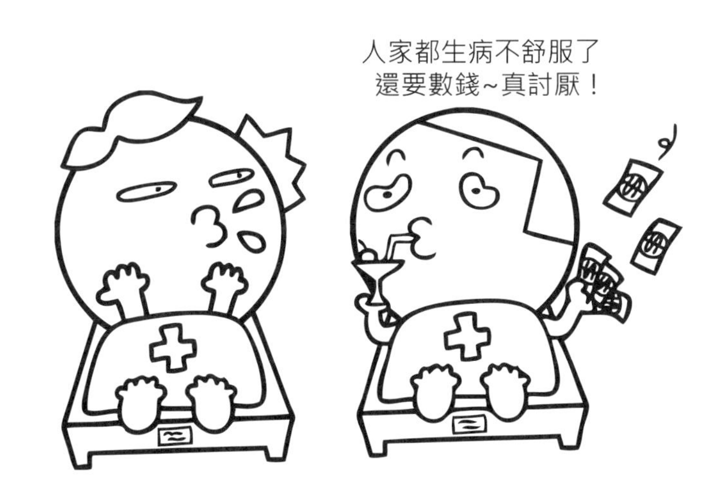

不要羨慕別人躺在床上生病還有錢領。

11 情緒與事實的爭戰

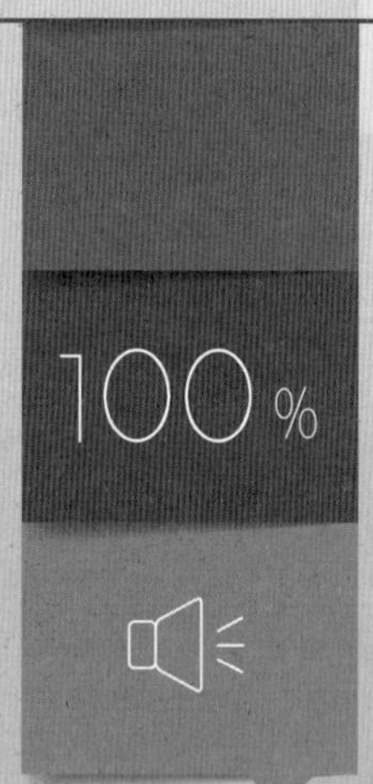

十一、情緒與事實的爭戰

情緒－喜怒哀樂，不僅是人們內分泌系統的化學反應，（針對內、外在刺激），更是上帝給人類最寶貴的資源，既是最寶貴的資源，我們就不該濫用它，而恰好相反的是，大部份的人，不但濫用上帝給我們最寶貴的資源之一，還影響了其他的人，當然，有不好的負面情緒帶來的負面影響，也會有正面情緒帶來的正面影響，你猜猜，這世上擁有正面情緒的人多，還是懷有負面情緒的人多？

顧客的情緒當然會影響購買決策的依據，而人的情緒極易受外在環境變動而產生不同的變化，有些是短暫的起伏，例如看一部電影，心情會隨著情節錯落而有不一樣的變化，不過，那很短暫。而大部分的情境變化所帶動人們情緒的轉變很少會是永久的，除非是重大變故或不依循此人的常態，在意料之外的，或許會永久改變一個人的情緒狀態。

靠腳力

老闆娘：每年年繳 500 萬，十年期有點壓力，可以減少一點嗎？如果不行，那就不做也可以。

你：王老闆，妳是老闆娘，家裡的總管，對妳來講，這怎麼會有壓力呢！

老闆娘：就是因為是總管，算一算，還是覺得壓力很大，我們的支出也很多，萬一現金軋不過來，跑銀行三點半，不就慘了！

你：不會啦，老闆娘，妳不是怕老闆錢亂借人家嗎？而且講好是要為二位公子存教育基金的，之前妳也說一年500萬OK的啊，怎麼又不行了呢？

老闆娘：唉呀，做生意就是這樣，客戶的錢不一定準時收的回來，該事先要付給供應商的又不能不給，我們也有難處。

你：那要改成多少呢？

老闆娘：我跟老闆討論一下，再告訴你！

重點

反悔的顧客，是銷售人員的夢魘，原本要，後來又不要，而得到的理由更是五花八門，無論理由為何，最後的結果就是，要退件或契撤，而銷售人員此時會急著保全，不處理還好，愈處理往往愈糟，十之八九這樣狀況下的Case都救不回來，出動十輛消防車、三輛救護車也沒用！若有１０％～２０％挽回的機率，已經是不幸中的大幸！

購買者的反悔，自有銷售歷史以來，從未停過，最好的處理方式，是在一開始的銷售前準備中，目標對象的篩選，以及成交後建立完整的服務紀錄，等發生了再來處理，應屬於下下策，由此可見，銷售前的準備與建立成交後的服務紀錄有多必要！

靠腦力

王老闆：每年年繳500萬，十年期會有點壓力，可以減少一點嗎？如果不行，那就不做也可以。

你：老闆娘，當初妳為什麼要做這份規劃？

老闆娘：存小孩教育金。

你：很好，還有呢？

老闆娘：我擔心老公錢又亂借人。

你：1. 老公錢亂借人。 2. 孩子教育基金。 3. 每年存500萬，十年後帶來的好處。第三項和前二項相比，哪一個才是妳做這規劃最主要的標的呢？

老闆娘：什麼意思？

你：十年期，每年存500萬得到的好處與價值，跟妳擔心的問題比較起來，哪個，才是妳真正要的！

老闆娘：……規劃的好處與價值才是我要的！

你：老闆娘，恭喜妳，做了最明智的決定！

身為銷售人員，不論在銷售前的準備，面對顧客的時候，與銷售結案之後，你都要清楚地知道，每一步驟與流程，不能含糊帶過，至於面對顧客發生了反悔的現象，在策略運作上，你倒是可運用讓顧客自己影響自己做決定的方法，借力使力，不僅不費力，還不會引起對方更深一層的抗拒。

顧客原始的規劃動機與其所擔心或反悔的理由相比；或者，購買或規劃的好處、價值與他顧慮的問題相互對照，大部分的顧客自己就會影響自己改變，而不必費力去處理或解決他（她）的口語症狀。

與傳統的推銷不同的是，並非銷售人員要推銷什麼，而是如何讓顧客自己要，而你，只要從旁協助他（她）就好了！

輕鬆、有效、有趣的經營銷售事業，才會愈做愈輕鬆，愈做愈愉快！

擔心、害怕、猶豫不決、反悔，都是顧客常會產生的心理與情緒反應，一旦發生，也只有事實二字能將顧客拉回主軸，焦點放在正確的標的上，這也是銷售人員必須具備的策略性思考與運作能力！

富有的退休生活與貧窮的無法退休，可是有天壤之別。

12 去「我」化

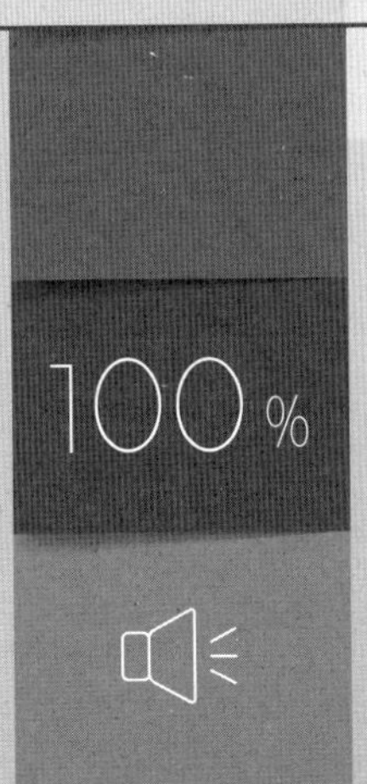

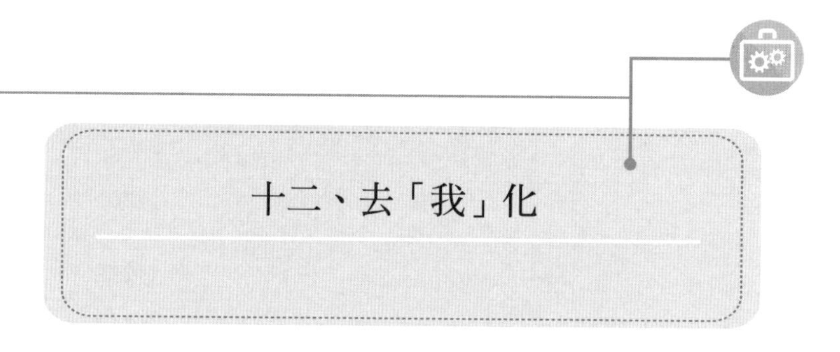

十二、去「我」化

「我」這個字眼，害死一堆業務員，也直接或間接地影響到顧客的購買行動：

靠腳力

你：王老闆，「我們」公司最近有出了一張利率不錯的商品，「我」跟你講，不買你會後悔，而且，「我」的顧客都很喜歡，「我」跟你說明一下。

王老闆：嗯，不用了，我買很多了，不需要。

你：怎麼會不需要，「我」跟你說明一下，你就知道我們這張儲蓄險有多好了！

王老闆：還是不用了吧！我真的不需要…

你：……

身為銷售人員，此時，你還要說些什麼嗎？

重點

當你跟顧客講「我」的時候，顧客的注意力是不會放在你身上的！

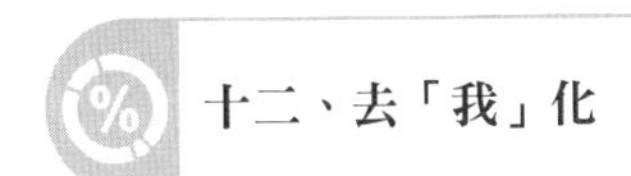

所以呢？把「我」改成「你」，要把顧客的注意力調整到他（她）「自己」身上，因為，人們最有興趣的，是自己！

靠腦力

你：王老闆，你過去是不是做過很多的保障與投資規劃，是嗎？

王老闆：是啊！

你：你做的任何一種規劃，是不是都是為了增加資產與轉移風險而做！

王老闆：沒錯！

你：既然如此，你在今天以前做的財務規劃，從比例上看，是增加資產的規劃多，還是轉移風險的多？

王老闆：當然是增加資產的多啦。

你：很好，那你贊不贊成，任何一種投資管道，在增加資產與現金流的同時，也會增加風險！

王老闆：沒錯！這是一定的嘛！

你：而你剛才說，你在今天以前投資規劃的比重較多，沒錯吧！

王老闆：沒錯。

你：你贊不贊成，投資比重愈高，風險控管就要做的愈好。

王老闆：是沒錯。

你：人有人的風險，錢有錢的風險，你想從哪一項開始作風險控管呢？

王老闆：先從錢吧！

你可以從這個案例中，找到幾個「我」呢？

關鍵

業務員或壽險理財顧問習慣性講「我」的時候，注意力在自己身上，一旦將「我」，改成「你」的時候，銷售顧問的注意力在顧客身上，而顧客在意的，是自己，不是銷售人員。

疑問

那什麼時候要用到「你」，什麼時候才能用到「我」這個字眼呢？當你要喚起或集中顧客的注意力時，或要顧客關心自己本身規劃的好處與價值時，就是「你」出現的時機，想想看，面對顧客時，有多少比例與時間，你是要將顧客的注意力放在他（她）自己身上的呢？除此之外，只要不用讓顧客將注意力擺在他（她）自己身上時，就可以使用「我」。

人的一生是所有決定的總和，要有優質的人生，
就要有優質的決定，就像我所提供給你的，快決定吧!

13 「買」跟「賣」這兩個字不能用

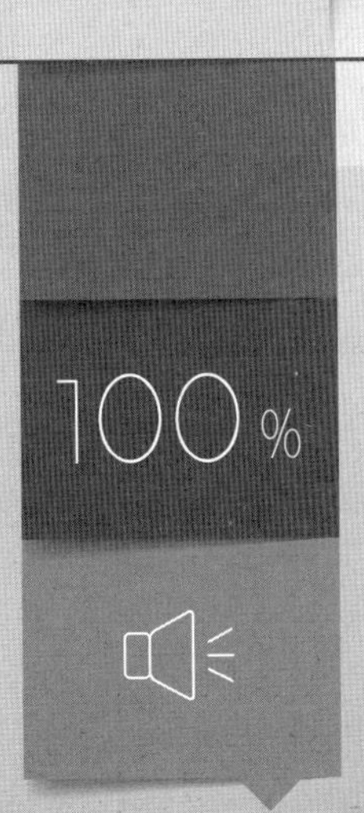

十三、「買」跟「賣」這兩個字不能用

為什麼？

靠腳力

王老闆：我買過很多了，真的不需要。

你：你買過很多，代表你對保險很有觀念，可是，你一定沒買過這一張。

王老闆：大部份我都買過也聽過，真的，不需要了，謝謝你。

你：那你知道你買的真的是你需要的嗎！？很多人買了一堆，最後都不知道自己在買些什麼？不然，我幫你做個保單健診好了。

王老闆：哦，我已經有個壽險顧問幫我做過了。

你：王老闆，每個人的專業都不一樣，我相信我做的保單健診提供給你的購買建議，一定是不一樣的。

王老闆：我知道你很專業，只是，我現在不想再買保險，已經買很多，夠了！

你：保險其實根本沒有買夠的一天，因為意外與風險不知道哪一天會來。

王老闆：我知道，不過，還是謝謝你。

你：那不然這樣，我留一份資料，你看完有需要再跟我買，你是一

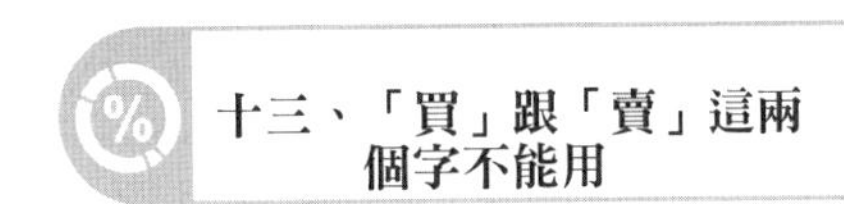

定有需要的。

王老闆：隨你吧！

「買」是一種消費，購成買的要件，一定會有人在「賣」，「賣」指的是推銷，而「推銷」又使人聯想到被說服或有人情壓力，現代的顧客偏偏不想要被推銷，更不想被說服，人情壓力則是能閃則閃，與顧客的互動，「買」跟「賣」無疑增加了銷售的障礙，却不被銷售人員所察覺。

靠腦力

你：王老闆，你說，你過去買過很多保險了，是嗎？

王老闆：是啊！

你：王老闆，你贊不贊成，退休金與保障是用「規劃」的，而不是用「買」的！

王老闆：為什麼不是用「買」的？

你：你還記得，2008 年金融海嘯時，政府有發消費卷？

王老闆：記得啊。

你：消費卷可以用來買冰箱、去飯店、上餐廳，視同現金，沒錯吧？

王老闆：沒錯！

你：那你有聽到哪一家保險公司，收保戶的消費卷抵保費的？

王老闆：好像沒有。

你：為什麼沒有？

王老闆：？

你：因為，保費不是消費，既然保費不是消費，那麼保障就不是用”買”的，而是用”規劃”的，沒錯吧！

王老闆：沒錯。

你：所以，王老闆，你會嫌你的退休金規劃讓你領太多退休金嗎？

王老闆：當然不會！

你：有多的可以領，你覺得好，還是不好？而且，在你的預算內就能做了。

王老闆：當然好。

你：那你知道退休金規劃有哪三個步驟嗎？

王老闆：哪三個？

將「買」改成「規劃」吧！免的又引起顧客的防衛而不自知。

你愛自己的孩子嗎？這就是你愛孩子最真摯的表現！

14 顧客沒有要之前，什麼都不要說

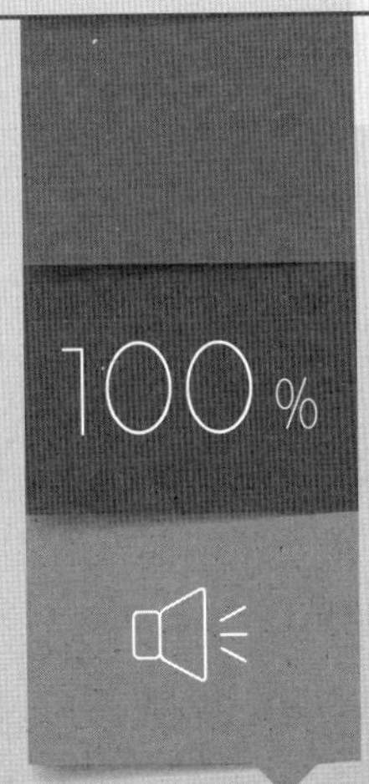

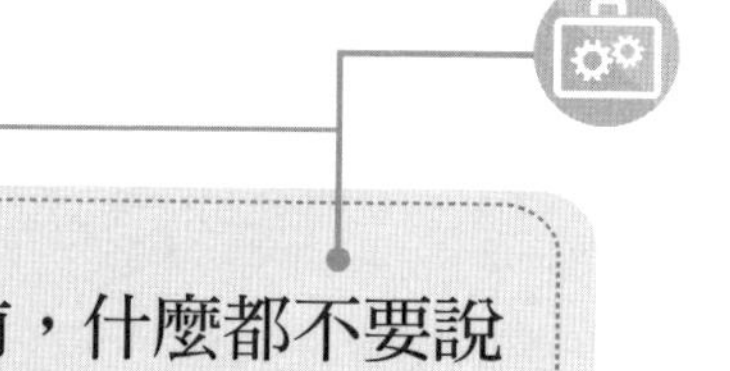

十四、顧客沒有要之前，什麼都不要說

銷售人員的壞習慣之一，就是不管顧客要還是不要，商品說了再說；等商品解說完了，再來追著顧客拒絕的理由跑！然後，解決完一個問題，又跑出第二個問題，等第二個問題解決了，顧客又給銷售人員四個問題！

怎麼會這樣？問題愈解決愈多！

靠腳力

你：王老闆，長期看護險真的很重要。

王老闆：我知道重要，只是我現在沒時間，也沒心情聽，我手邊還有別的事情要忙！

你：再忙，也還是要撥時間聽聽看啊！不然，王老闆，您看明天還是後天我再來一趟，跟您說明一下。

王老闆：這兩天都沒空，而且中秋節要到了，小孩子要回來過節，等過完節再看看吧！

你：王老闆，其實，小孩回不回來，跟您有沒有做長照是沒有太大關係的，失能的風險無所不在，不要等發生了，再來後悔，就來不及了，我業務做了 20 幾年，看太多這種案例，您應該現在就聽聽看，反正也不會用掉您太多時間嘛！

王老闆：我知道你做很久了，也很專業，事實上，我也不缺那些錢，有沒有保這一項無所謂。

你：王老闆，您雖然很有錢，也不缺這些錢，但是，一旦發生風險，還是不要給自己跟家人帶來負擔，不是比較好嗎？

王老闆：不好意思，我要去忙了！

你：……

重點 死纏爛打絕不是一個好策略！

為什麼？

愈解決問題，顧客的問題普遍就愈多，代表他（她）的抗拒意識就愈高，而顧客的抗拒意識愈高，你對他（她）的銷售周期就拉愈長，結果，銷售周期愈長，顧客的購買慾望就愈低！

怎麼回事？

愈急於銷售，愈成效不彰！

為什麼不先確認，什麼是他（她）要的，再來幫助顧客得到他（她）要的呢！

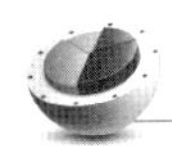

靠腦力

你：王老闆，您的資產如此雄厚，事實上，有沒有做長期看護的保險規劃，根本就沒什麼影響，沒錯吧！

王老闆：說的也是。

你：那您贊不贊成，資產愈多的成功人士，愈在意風險管理。

王老闆：**贊成**。

你：像您一樣的成功企業家，您覺得風險，由自己扛，還是轉移給保險公司，哪一項是比較聰明的選擇呢？

王老闆：當然是轉移掉，幹嘛自己扛！

你：哦，既然要轉移掉，那我們一起來看看，這要怎麼做！

王老闆：怎麼做？

關鍵

弄清楚什麼是顧客要的吧！顧客要的，不是長期看護規劃，而是，不要自己扛風險！

不然，你以為他（她）真的對你的商品說明有興趣嗎？

停止當個商品解說員吧！

為什麼？

因為，當你商品解說完了，還是有將近 80% 的顧客沒做任何規劃的決定，只有 20% 要了，這還是理想狀況，五分之一的命中率，太低了。

換個方式吧！顧客跟你都會開心一點。

一個好老公，勝過一百個好情人，
這就是你愛太太最真摯的表現！

15 問顧客問題與誘導的差異

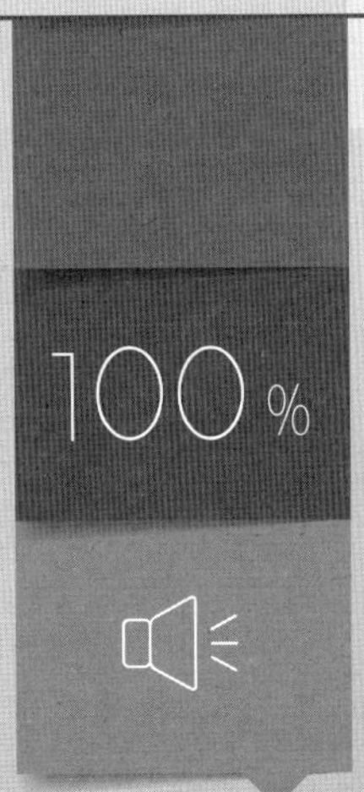

十五、問顧客問題與誘導的差異

為什麼不要問顧客問題？

在身為顧客被推銷的演化基因中，只要問了問題，顧客就知道要被推銷了，那表示要啟動花錢程式，除非眼前這位顧客早已經準備要花錢買你提供的規劃或服務，不然，你一開口問他（她）問題，逃跑警鈴就會響個不停！

靠腳力

你：王老闆，您過去有買過保險嗎？

王老闆：有啊！

你：都買過哪幾家？

王老闆：很多家。

你：買過哪些呢？

王老闆：不清楚，都是我太太在決定。

你：那我什麼時候可以跟您太太談談呢？

王老闆：哦，她比我還忙，有需要我再跟你講。

你猜，「有需要他再跟你講」，他或他太太會跟你講嗎？

重點

要讓顧客對規劃內容與型式有興趣之前，要先表達對顧客的興趣！

要如何區分問顧客問題與表達對顧客興趣之間的不同呢？？

為什麼要表達對顧客的興趣？

這純粹是心理學的投射定理，你對顧客有興趣，他（她）也會反射同樣的興趣在你身上，對你有興趣，才會對你所說的有興趣，不然，你對顧客沒興趣，顧客幹嘛對你所說的有興趣！

靠腦力

你：王老闆，我很好奇，你過去是否曾經做過任何一次，投資理財的規劃？

王老闆：當然有。

你：有喔！什麼時候的事？

王老闆：10 幾年了。

你：都用哪些方式，還記得嗎？

王老闆：股票跟房地產。

你：賺、還是賠？還是有賺有賠？

王老闆：大部份都賺。

你：之前我有一位顧客，也是和您一樣，喜歡投資股票和房產，10 幾年來都是賺錢，一直遇到我之後，他才發現，除了持續投資賺更多錢之外，他也能透過資產保全的方式，來合法的節省稅金支出。同時，也能累積額外退休金的作法，王老闆，您知道他是怎麼做的嗎？

王老闆：不知道，怎麼做？

你：您為什麼想知道怎麼做呢？

王老闆：就你說的啊，可以節省稅金，又可以額外累積退休金，很好啊！

你：既然如此，那你覺得，什麼時候開始節省稅金支出，同時又能累積額外退休金比較好，是，愈早愈好，還是，愈晚愈好？

王老闆：當然是愈早愈好。

你：好吧，那讓我們一起來看看，這要怎麼做？

王老闆：好！怎麼做？

關鍵

持續表達對顧客的興趣，不是問問題；同時，你要延伸對顧客的興趣，直到顧客表現出他（她）的意願或動機，同時也延伸出他（她）要做規劃的時機，然後，你會發現，要讓顧客說要，自然就容易多了。

不知道你有沒有發現，當顧客說：「不知道」時，就是想知道的時候！

誠實告知理賠與否的項目，是我應盡的責任。

16 為什麼銷售品質的好壞，來自於溝通品質的好壞？

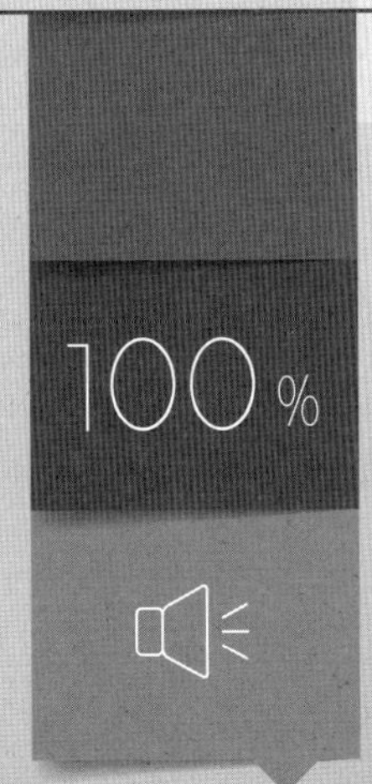

十六、為什麼銷售品質的好壞，來自於溝通品質的好壞？

不要看了這句話，就去書局買幾本人際關係溝通的書回來看，對你的銷售，沒有太大幫助。

為什麼？

兩個不同的對象，你得要區分溝通的兩種對象才行：

哪兩種？

一、是一般人對溝通的定義

二、是銷售人員對溝通的定義

兩者溝通上的定義是截然不同的！

靠腳力

王老闆：我已經 63 歲，再過兩年就退休了，6 年前我也跟你買了一張 6 年期，現在退休後，我不想再把錢放保險公司了。

你：其實您仔細再想一想，6 年時間也很快啊！您又不是沒有錢，現在躉繳配息保單，也是以後滿期可每月領，不是很好嗎？！

王老闆：我知道，可是，我就是不想把錢再放保險公司。

你：如果你不把錢放保險公司，拿去買股票或投資房地產，萬一賠了怎麼辦，風險太大了，還是聽我的建議，放這裡比較安全又保本。

王老闆：我也沒有一定要投資股票或房地產，不過，就是不喜歡再把錢放保險公司，放保險公司，錢就不能靈活運用。

你：其實時間也很短，再存個 6 年期，不但時間短，而且又能每月配息，多好！

王老闆：反正，我還不急，再說吧！

重點

催促顧客是一種說服模式，而人們不喜歡被說服，真正容易被你說服的顧客，只有你開發顧客的 20%，其他 80% 的顧客，你愈說服，他（她）愈不想被你說服，然而，人們雖然不喜歡被說服，卻很容易被影響！而影響力，是不會引起人們的抗拒與防衛的銷售模式。

靠腦力

王老闆：我不想把錢再放保險公司。

你：那當然！

王老闆：是啊，你看，之前我跟你存的，現在都一一到期，開始領回了。

你：沒錯，你講的都是事實。

王老闆：所以，我不想再把錢放保險公司，再過 2 年我就要退休了，錢還是留在身邊比較好。

你：王老闆，言下之意，您是預備做投資嗎？

王老闆：不會，投資？這個時機不好，錢還是放在身邊吧！

你：擔心有虧損的風險，是嗎？

王老闆：是啊，退休的老本，可不是開玩笑的！

你：一點都沒錯，王老闆，您的意思是說，您不想讓自己的錢承擔風險，是嗎？

王老闆：是啊！

你：那表示，您也不喜歡讓自己的錢貶值，對不對？！

王老闆：對。

你：您既不想要自己的錢有任何風險，更不喜歡自己的錢會在未來貶值，那，你覺得，您要怎麼對待您自己的錢，才是安全又不會貶值的呢？

王老闆：怎麼做？

你：您之前在我的建議下所做的規劃，有讓您的錢虧損嗎？

王老闆：沒有。

你：有任何一筆領回是貶值的嗎？

王老闆：好像也沒有。

你：哦！那您自己有什麼好辦法讓您的錢既沒有風險，也不會貶值嗎？

王老闆：我看，還是交給你吧！

讓顧客自己影響自己做決定，乃是銷售阻力最小之路！

關鍵

一般人對溝通的定義，是成功的把自己的想法、觀念與意見傳達給另一個人，接下來呢？就沒有了，因為，你已經成功的將自己的想法、觀念與意見傳遞也表達給對方，任務完成。

而銷售人員對溝通的定義，是完全不同的，如果你把對一般人對溝通的定義用在銷售人員上，那就是災難一場！為什麼？

銷售人員成功把對商品的功能、好處與價值傳遞、告知給顧客，接下來呢？沒有了！

沒有了？是什麼意思！沒有成交，顧客沒有採取任何規劃行動，不是等於什麼都沒有發生嗎？

因此，一般人對溝通的定義，是不能拿來硬套在銷售人員用的。

那麼，什麼是銷售人員對溝通的定義呢？

「促使顧客做決定的能力」。

你對於促使顧客做決定的能力給自己打幾分？

如果你很忙，又很少在家，那你最好給家人完善的保障！

17 顧客「抗拒」與顧客「異議」有什麼不同？

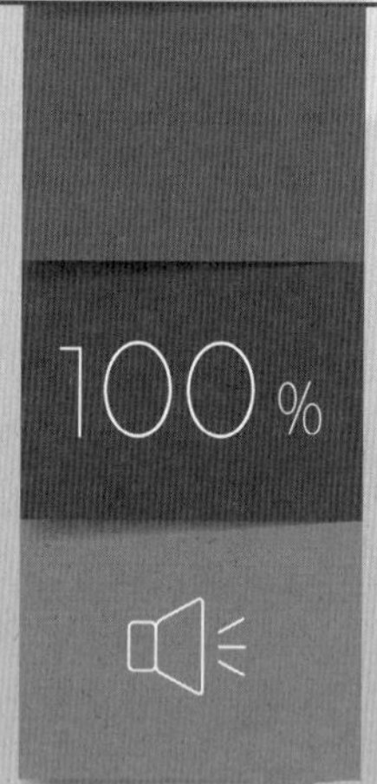

十七、顧客「抗拒」與顧客「異議」有什麼不同？

你分得出來，顧客「抗拒」與顧客「異議」有什麼不同嗎？

顧客說：

- **萬一你們公司倒了，怎麼辦？**
- **萬一我繳不出保費要怎麼辦？**
- **如果我提前解約或減額繳清會有什麼影響？**
- **你不要再說了，我的壓力好大**
- **我問問家人的意見再說吧！**
- **你們這個規劃跟我在銀行買基金有什麼不同？**
- **你這個儲蓄險利率太低，我隨便一張股票賣掉都比你這好。**

你能否分清楚，以上顧客的反應，哪些是異議，哪些是抗拒嗎？

靠腳力

王老闆： 你的建議不錯，我們社團裡有一位理事也是跟你同行，他也碰巧提了長看險，我再跟他談談吧！

你：王老闆，我是一個月前就已經跟您提過這份長期照顧險，您說的那位理事我也認識，不過，好像是我先跟您談的

王老闆：是你先談的，沒錯，你應該也不會反對我多比較一下吧！

你：是不反對，只是總要有個先來後到吧！

王老闆：沒關係啦，還是讓我先跟他談談再說吧！畢竟我跟他認識很久，而且又在同一個社團。

你：王老闆，我也跟您在同一個社團耶！

王老闆：沒關係啦！我跟他談完再說。

重點

顧客抗拒，來自於你的表達方式，引起他（她）防衛的狀態。

而異議，則是擁有不同的意見、觀念或看法。會抗拒的顧客很少，有不同的意見（異議）的顧客卻很多！銷售人員如果無法辨識何為異議，何為抗拒，就容易將異議當做抗拒處理，不處理還好，一處理，原本只有不同意見的顧客，反而變成抗拒的狀態，不是得不償失嗎！

靠腦力

王老闆：你的建議很不錯，我們社團裡有一位理事也是跟你同行，他碰巧也提了長看險，我再跟他談談！

你：那位理事應該已經跟您說明過了吧！

王老闆：沒錯，他之前就講過了。

你：那您是不是已經讓他幫您做規劃了？！

王老闆：還沒！

你：怎麼會呢？

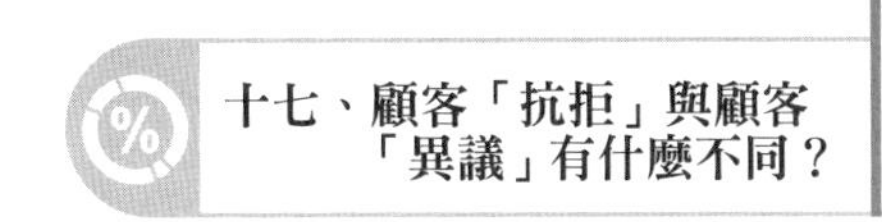

王老闆：還沒那麼快，等過一段時間再說吧！

你：王老闆，您是 1. 不喜歡被銷售，還是 2. 不喜歡有人情壓力，或是 3. 不想轉移長看的風險？

王老闆：1 跟 2 吧！

你：我懂了，原來，您不喜歡的是 1. 不喜歡被銷售 2. 也不想要有人情壓力，而不是不要轉移長看的風險，是嗎？

王老闆：是！

你：所以，在沒有人情壓力的情況下，你才能完全的要求服務品質；在不被推銷的情況下，您也才能弄清楚長看的必要性與功能所在，這樣，您就能安心的幫自己完成您要的規劃了，您說，是嗎！

王老闆：沒錯！

你：那現在，讓我們一起來看一看，您可以得到哪些實質的好處與服務的價值。

王老闆：好！

會抗拒的顧客很少，具有不同意見的人卻很多，百分之八十會抗拒的顧客，一開始會拒絕的，不是你的產品或價格，而是你的表達方式！為什麼表達方式會引起 80% 的顧客抗拒？

1. 過於產品導向。
2. 急於銷售，卻成效不彰。
3. 對顧客沒興趣，只對自己的銷售說明，促成有興趣。
4. 人情導向，造成人情壓力。
5. 缺乏邏輯。

6. 口齒不清，語意模糊。

7. 專業準備不足。

事實上，以上所列，最常引起顧客不同程度抗拒的因素：就是第 7 項：專業準備不足。

而廣義的專業，又分為：

1. 對商品的專業。

2. 對銷售計劃（包含徵員）的專業。

3. 對人的專業（顧客 + 被徵員者 + 組員 Agent）

前兩項是銷售的入門票，那是構成銷售的基本要件，真正具挑戰性的，想當然耳，非第 3 項莫屬！

因此，銷售人員於銷售時，搞不定的往往不是產品與價格，也不是徵員計劃，而是「人」，這意思反過來說，把人搞定了，Case 就搞定了，不論是銷售或是徵員、發展組織皆然。

你可以是商品說明的專家，你也可以是徵員計劃說明的專家，然而，你是否對「人」嘹若指掌，你是否是「人」的專家？

為什麼對「人」的專業知識會是 21 世紀銷售突破的顯學與關鍵？

因為，你銷售開發的顧客，是「人」

你徵員的對象，是「人」

你領導統御的事業夥伴，是「人」

你自己，也是「人」

既然「人」是銷售事業，不論在個人績效，組織人力突破的關鍵，那麼，要如何建立起對「人」的專業知識，好讓你的商品專業、徵員專業，快速讓顧客接受，而不再浪費與虛耗 80% 的時間與機會成本？

1. 表達對顧客的興趣。
2. 學習如何觀察人，從人們的外顯行為、語言開始，再延伸至人們的心理狀態。
3. 學習有效解讀對顧客的觀察。
4. 確認你對顧客的觀察。
5. 運用你所觀察的重點，讓顧客自己影響自己做決定，而不是去說服他（她）。

如果你是對商品說明促成、徵員計劃說明有興趣，對「人」卻一點興趣都沒，你可以跟自己的事業與財富說 Bye bye 了。

好好學習對「人」的專業，表達對「人」的高度興趣，你就會發現，會抗拒的顧客真的不多，大都是有不同的意見而已。

每個人都有他(她)的專長，
我的專長有兩個：幫顧客賺錢，還有省錢！

18 問題，本身就是資源

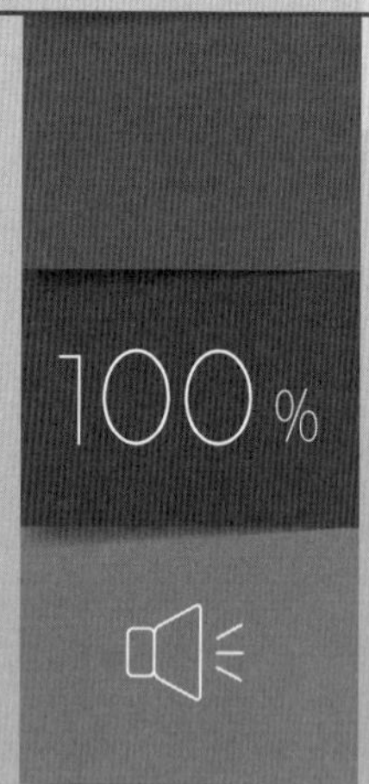

十八、問題，本身就是資源

問題，不就是要想怎麼解決！？跟資源有什麼關係？解決問題的能力，不是一直以來從家庭、學校到企業奉為圭臬的金科玉律！

問題解決專家享有最高的收入，擁有令人稱羨的頭銜，還有，一堆人羨慕的答案，等著問題來提領，就像領現金一樣。

在銷售實務上，有沒有可能愈解決問題，問題就愈多？而身為業務主管或銷售人員的你卻不自知！

靠腳力

王老闆：我最近要買房，資金周轉比較緊。

你：王老闆，您不要開玩笑了，您會沒錢！？您是大老闆，怎麼可能要買房，錢會有問題！

王老闆：老闆也有資金調度的問題啊！是不是！

你：唉呀！王老闆，我跟您提的這份規劃，是讓您以後可以領更多錢，活的愈久，以後領的愈多，現在房市那麼不景氣，錢還是省下來，買保險存錢比較安全。

王老闆：沒辦法，我都已經看了地段，還不錯，就差沒下訂。

你：**還好您沒下訂，即時收手還來得及，現在時機景氣都低迷，錢存**

起來比較實在，您一買房就跌，跟最近的股市一樣，不划算，還是保守一點好！

王老闆：唉！過一段時間再說吧！手上的資金真的有別的用途，最近小孩要出國念書也是要一大筆錢。

你：哦！

不是每個顧客拒絕說「不」的理由，都要去想怎麼解決的，真正值得解決的問題，並不多；更何況，就算問題解決了，往往顧客又會丟另外二個問題，為什麼？因為他（她）看你很會解決「問題」，既然你這麼愛解決問題，何妨就再多給你幾個問題，聽起來，是不是很像主人逗寵物狗時，丟了一個飛盤，被狗追上接住後，主人就再同時丟 2 個飛盤……有畫面吧！

王老闆：我最近要買房，資金周轉比較緊。

你：恭禧您，王老闆，又要買房了！

王老闆：是啊！房產不嫌多嘛！

你：真的是這樣沒錯，王老闆，您過去一直以來都特別注意房市的資訊，所以往往都能在低點買進，真的是眼光獨具。

王老闆：還好啦，就像你說的，因為一直以來都有注意房市變動，訊息自然會不斷進來，機會也比較多。

你：王老闆，我很好奇，您投資房產是否有跟銀行貸款？

王老闆：當然有！

你：那您一定很清楚，一旦跟銀行貸款，您就擁有了負債，因為您還要還房貸，不是嗎？！

王老闆：是啊！

你：然而，銀行卻讓您以為擁有了房產，就擁有了資產，沒錯吧！

王老闆：沒錯！

你：事實上，您如果哪一天，房貸因故沒繳，銀行就有權申請扣押或法拍您以為擁有的房產，對不對！

王老闆：是的！

你：所以，您在擁有了房產的同時，也就擁有了負債，你贊成嗎！

王老闆：也沒錯。

你：您覺得在您擁有房產與負債的同時，也能一併擁有複利增值的資產，您是否能接受？

王老闆：當然能接受。

你：您知道，這要怎麼做嗎？

王老闆：不知道。

你：讓我來告訴您，這要怎麼做。

王老闆：好。

關鍵

在這個案例中，買房置產似乎是不做理財規劃的理由，常常會吸引銷售人員當成問題去處理，那是源於以下兩種反應模式：

1. 問題$\xrightarrow{\text{相對於}}$答案（或解決方案）
2. 一旦問題被解決或找到答案，就沒有不購買的問題了。

只可惜，沒有一項是有效的銷售策略！

為什麼沒效，卻那麼多銷售人員、業務主管、教育訓練人員等，仍一直延用呢？

這也是很好的問題：

原因是：

1. 問題 ——→答案是直線性的反射，既是反射，就不必動用太多的大腦。
2. 也不是每件 Case 都無效，有些也順利成交，雖然比例不高！
3. 除此線性反應之外，反正也找不到其它好方法，就延用至今，最後，就變成一條很粗的神經，俗稱「習慣」。

把問題當成資源用，也許跟一個人的人格特質與所處的環境有關。

當人們所處的環境無憂無慮，不愁吃穿或人生無大志時，沒有什麼負面的問題來考驗他（她），所以，他（她）不會把負的變成正的，不懂如何轉換。

或者，不夠叛逆，逆來順受，就毫無改進、改善、突破，甚至革命的行為及動機，你知道，無動機，就不會有行動！

要擁有將負的變成正的，把不要的轉換成不可拒絕的，讓問題轉換成資源，或問題本身就是答案的能力，如何培養如此這般的能力？

1. 不要將顧客的拒絕視為理所當然。
2. 學習認知「一把刀切豆腐，就是兩面」而非只有一面。
3. 練習「有正就有負」「有黑就有白」「有不要的，反過來說，就有要的」邏輯論證與思考。
4. 相信「凡事都有更好的解決辦法，絕不止我們過去所學所做的一切」－愛迪生。

推銷話術已死，直線（性）反應亦逝，在更競爭與顧客反推銷意

識看漲的時代，重新學習調整你的作法吧！（趁還來得及）

哦！對了！記住這個

問題 = 資源（成交的資源）

19 不要為了成交，而不擇手段

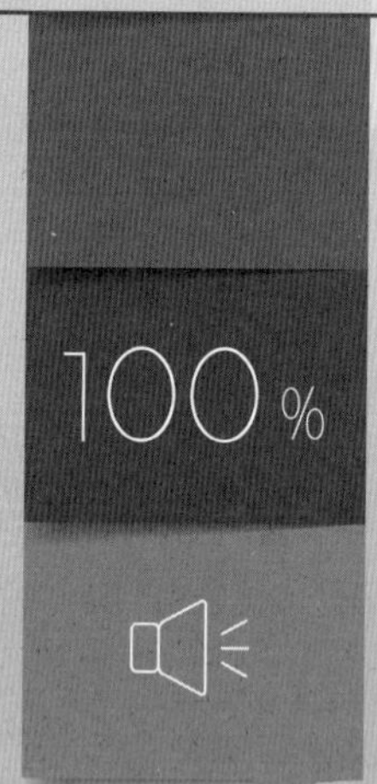

十九、不要為了成交，而不擇手段

講這句話不是放高射砲，我當然清楚，在銷售行為上，沒有成交，甚麼都沒有發生！然而，不要忘了，歷史不乏「贏了一場戰役，卻輸掉整場戰爭」的教訓！

銷售亦然，我曾在一次業務團隊的晨會上聽到，處經理大聲疾呼：「我不管你們的業績是怎麼做到的，你要自己買也好，你要去拜託、去求你的父母、家人、親戚朋友也好，區部副總已經找我好幾次，說我們通訊處人力最多，業績卻最差，我不管，待會主管每個人交一篇報告給我，就你帶的 Agent 在接下來的三周內，訂定新的業績目標，而且，要比月初訂的標準高，Agent 做不到，主管就自己補足！」

好有「氣」魄的處經理！不過，好像沒啥用！

任何獎勵銷售人員提高產值的方案，皆會產生一定的效果，然而，一把刀子切豆腐，它就是兩面，有好的效果〈短暫利益〉，是否也會造成長期傷害！

靠腳力

王老闆：我知道你們的利息比銀行高一點，我原本想轉存，後來想想，還是不要好了！

你：您的本金很多，放銀行跟放我們這兒利息差很多吔，為什麼不轉存呢！而且還有保障呢！

王老闆：我知道，想一想還是不要動它了，太麻煩，利息差哪一點點，沒關係，本金守住最重要。

你：您要不要重新想想，時間一長，利息就差很多，不然，您也可以轉存一半，500 萬就好。

王老闆：算了吧，資金還是要靈活運用，沒關係啦！

你：不然，再砍一半好了，存 250 萬，躉繳，如果您怕麻煩，我帶您去銀行處理。

王老闆：不用、不用，我還是維持原來的處理方式就好，謝謝你！

你：王老闆，您就給我一個服務的機會，哪怕是 100 萬，意思意思也可以！

王老闆：真的不用，就這樣吧，有需要，我再找你。

重點

99.9% 的銷售人員誤解也誤用了「積極」的態度這個詞彙，當你無所不用其極的要促成時，積極二字隨即扭曲變形，成了「不擇手段」的代名詞；可怕的是，沒人發現，客戶被銷售人員以如此這般的「積極」態度對待時，早就想逃之夭夭了！

古人說：「擇善固執」，要固執之前，先選擇並確認固執的目標是善的標的，良善、好的標的，什麼是善的標的！？在銷售上，指得是能為客戶帶來最大利益、價值的標的，而非銷售人員單方面要成交的標的，除了擇善固執，更要講究表達的方式與策略，有很多銷售人員的銷售出發點是要幫助顧客得到財務規劃、風險控管的好處，然而，卻還是遭到客戶的婉拒，為什麼？大部分原因，皆為銷售人員用自己習慣的方式表達，自己習慣的方式，不一定是客戶可以接受的方式！

靠腦力

王老闆：我知道你們的利息比銀行高一點，我原本想轉存，後來想一想，還是不要好了！

你：王老闆，怎麼回事呢？

王老闆：我想一想，利息差一點點，還是不要動它，太麻煩，本金守住最重要！

你：說的也是，您的意思是說，利息差不了太多，雖然有高低之分，然而守住本金最重要。

王老闆：對啊！

你：既然本金最重要，王老闆，那本金是不是錢！？

王老闆：是啊！

你：利息，也是錢囉！

王老闆：是的！

你：那利息加本金，您的本金是不是變多了？

王老闆：本金加利息，本金變多，對。

你：既然本金變多，您剛才說，您重視本金，不是嗎？

王老闆：是啊！

你：所以，本金變多，會很麻煩嗎？

王老闆：怎麼會麻煩，很好啊！

你：哦，那您要怎麼做呢？

王老闆：還是轉存好了。

關鍵

什麼本質？問題、事物、人的反應、情緒、思想、行為的本質。

通常在銷售人員尚未清楚分辨、思考遇到問題或事情的本質前，就已經「想到」了對應的解決方式或答案，這真是不可思議，到頭來，客戶的反應 8 成以上，都不是銷售人員可掌控的！失去對顧客反應的掌控性，自然成交率與對你的專業信任感就下降，相信我，這可是災難一場！

想要趕快解決顧客不購買或延遲購買的問題時，通常直線性反應的開關最快被啟動，那也是最糟的反應，而糟的反應模式會被誘發出顧客一樣糟的反應，即為自己的理由辯護，無論對錯，此時，情緒戰勝了理智，因而矇蔽了顧客看到或感受到擁有規劃後，或是購買後，得到的好處與隨之而來的價值感；至於銷售人員為什麼會如此這般地反應，通常來自於：

1. 急於成交。
2. 急於展現自己有多專業或豐富的銷售經驗。
3. 自我保護、不願面對或承認說錯話或做了不利於銷售的事。
4. 中了「不思考」的毒，誤把反應當思考。

你可以這麼訓練自己，何謂本質？

1. 不需要保險－「不需要」的本質是什麼？
2. 保費太貴－「保費」的本質是什麼？「貴」的本質是什麼？
3. 利率太低－利率太低是不做規劃的理由，亦或是要做規劃的理由？
4. 年期太長－年期長，到底對顧客是有利、還是有害？
5. 資金不能靈活運用－資金不能靈活運用，是什麼意思，它的本質是什麼？
6. 擔心繳不出來－「擔心」的本質？

7. 萬一你們公司倒了怎麼辦－身為銷售人員，你能回答這個問題嗎？還是，不用回答，不要回答，那要怎麼辦？

我還可以列出超過一百個以上的這類銷售人員常碰到的問題，篇幅有限，你可以先練習看看，思考一下問題的本質是什麼！從第一項開始，想不出來，就從下一項繼續想，如果你想的，是答案，那你就又回到「線性」反應，你沒有思考，什麼是本質？本質，不是答案，不是解決辦法，也非回應。

加油！

市場上有這麼多的投資、理財、壽險顧問，
大家都大同小異；你知道顧客為什麼會選上我？

20 寧願有智慧的笨，也不要反被聰明誤

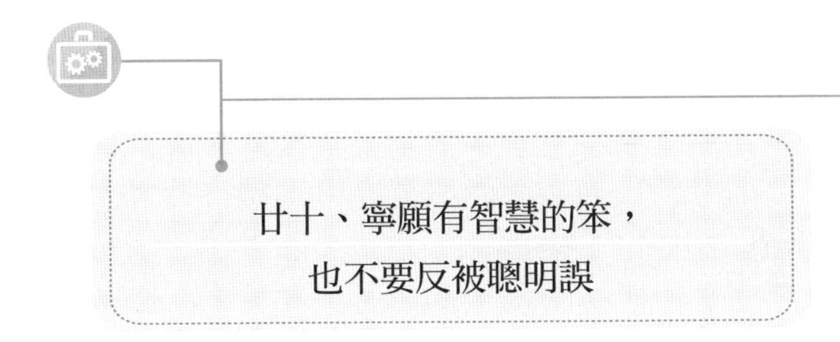

廿十、寧願有智慧的笨，也不要反被聰明誤

不斷鑽研學習商品專業知識，讓人以為你必須有問必答，顧客問什麼問題，你就準備從你的專業知識資料庫去搜尋，繼而找到對應的答案。

然而，真的是什麼問題都要有一個對應的答案嗎？

身為銷售人員，你可以先想想這個「有問必答、必答必成交」嗎？當然是不一定，哪有此一說。

分辨什麼是真正該面對的問題，什麼又不是，比只是盲目地回答要重要多了，既然不是每個顧客問的問題回答完就會成交，或許看問題的表象，還不如學會看顧客問這問題的動機，知道他（她）為什麼會問，比知道去回應他（她）還重要。

銷售人員喜歡表現出自己的專業，讓顧客覺得他（她）很專業又聰明，不過，事實往往是與現實不符，有時，你愈想表現出自己的專業，對某些顧客而言，反而是曝露出自己的致命傷。

就像坊間的潛能激發訓練一般，喊得愈大聲「我一定要成功」，就表示，愈害怕自己不成功。

為什麼？

你什麼時候看到成功是喊出來的？成功，是用有效的方式做到的，如果喊來喊去，喊一百遍「我一定會成功」你就會成功，那養隻鸚鵡幫你喊不就得了！

所以，你會發現，晚上經過都是墓碑的「夜總會」，唱歌愈大聲的人就愈怕，為什麼？壯胆而已！

不必在顧客面前賣弄你的專業知識，而能讓顧客主動向你詢問，這才是真正的專業，不然，你賣弄或講了那麼多商品專業，卻仍有 80% 的顧客沒有要，那你在忙什麼！？

靠腳力

王老闆：你們這個規劃與我在銀行買基金有何不同？

你：我們有保障，銀行沒有。

王老闆：還有呢？

你：還有我們是主動式服務，他們〈銀行〉是被動式服務。

王老闆：哦，我知道了！

你：所以，還是讓我們來主動提供服務給您比較好，而且，我們還有保障，不會只有單一的基金或投資組合，風險太高了，對您而言！

王老闆：是沒錯，不過，銀行端服務也不錯，像我是他們銀行的 VIP，他們並不像你講的，都是被動，他們也很主動的提供我很多項投資選擇，有的利率也還不錯，同時也有保險的項目，不大像你講的那樣。

你：那是因為您有很多錢放他們銀行，您是他們的 VIP，一般人哪有可能，銀行很現實的！

王老闆：做生意嘛，知道誰是你的顧客很重要，該如何跟他們做生意更重要。

你：王老闆，那我們剛剛談的資產保全與退休金規劃是不是今天就決定了呢！

王老闆：我還是要看看銀行能提供些什麼！

重點

有什麼比顧客要問的都問完，銷售人員該答的皆回答完後，顧客還無法做決定購買更慘的事？有時，人們視為理所當然的事情，可能只是一廂情願地、誤以為地單相思，而兩相情悅的畫面僅存在於想像或夢中，也沒人保證所有問題與疑慮都回答處理好後，顧客就順理成章的購買，有這條規章或規定嗎？

這實在令人感到氣餒，原來不是銷售人員自己矇著頭努力工作就一定會怎麼樣，有時候，不怎麼樣的業務員更多，然而，努力，不一定能成功，還是要學習動動腦，觀察人們的意識、行為、思考運用的策略，講究有效的表達方式與邏輯，讓成功的機會，建立在系統化的基礎上，而非僅是靠短暫的激情或盲目的行動！

靠腦力

王老闆：你們這個規劃與我在銀行買基金有何不同？

你：王老闆，您想比較：在銀行買基金，跟在我們這兒做規劃〈保險公司〉，有什麼不同，是嗎？

王老闆：是啊，有何不同？

你：您想要比較這兩者之間，最大的不同的原因是因為…

王老闆：沒有，我只是想參考看看。

你：您參考完後，發現其中一項規劃，對您的資產保全比較好，之後要做什麼呢？

王老闆：這樣，我才知道錢放在哪兒比較好。

你：哦！這樣您才知道錢放在哪兒會比較好，是嗎！

王老闆：是啊！

你：王老闆，您是只在意利率高低，而不在意虧損風險嗎？

王老闆：不是，我知道銀行跟你們保險公司都不會有太高利率，風險是我主要的考量！

你：所以，您的意思是說：保本加上複利增值，再加上有保障，才是您真正要做的，沒錯吧！

王老闆：沒錯！

你：那就讓我們一起來看看，這要怎麼做！

王老闆：好啊！

關鍵

「掌控性」這一關鍵詞對銷售人員而言，其重要性不言可喻，有多少銷售人員因為失去對顧客或流程的掌控性，而錯失許多能夠幫助人們得其所欲的機會，重點是，80% 的業務員並不以為意，而業務主管則一付置身事外，事不關己的模樣，他們只在意業績排行榜跟業績競賽的進度與結果，其它，不是太重要！

這麼說也許有失偏頗，或許亦有少部分的銷售領導人，特別在意轄下的銷售人員策略運用的有效性，而不祇是些短視近利的傢伙！

想想看，不急著推銷，也不急著講解產品，卻能輕鬆的完成交易，除了掌控性，也沒別的可去解釋這其中的奧妙了！

銷售時，你說的愈多，顧客聽的就愈少，這道理很簡單，

1. 你說明商品時，是否已確認是對方要的？
2. 你表達的內容是單一、獨立存在的片段，還是彼此連貫的訊息，因為，人們的腦神經對彼此有連貫的訊息才會有反應，相反的，對訊息彼此間獨立存在，較不知如何反應。
3. 人們意識集中注意力的時間很短暫，這也是為什麼一支 TV 廣告長度往往在 30 秒之內，你是否有練習過將自己要表達的內容依每 30 秒為一單位，編輯成 15 分鐘真正有效又吸引人的簡報內容架構呢？還是你一開口，就欲罷不能！

因此，在銷售上，你說的愈少，顧客要聽的就愈多，當銷售人員，你的舌頭不應比顧客或正常人長 15 公分，尤其一開口，2 小時都收不回來！慘的是，顧客耳朵都長繭了！

你是我服務過的人客中，最善解人意的一個。

21 從「顧客有的」，開始談

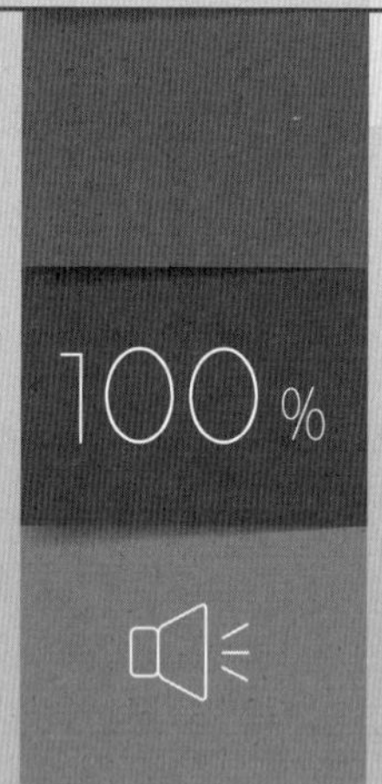

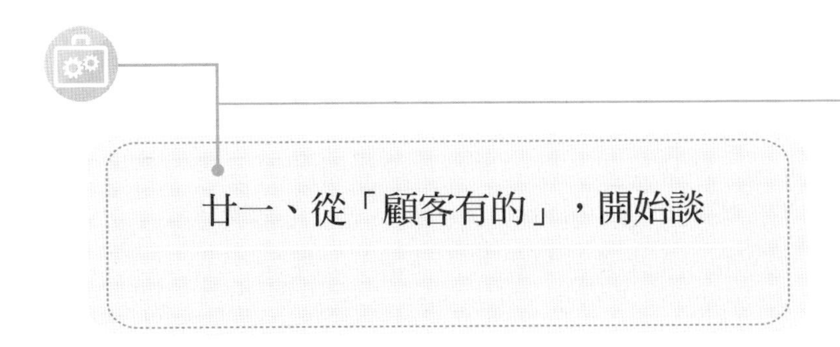

廿一、從「顧客有的」，開始談

傳統銷售的假設前提，大部份皆將欲推銷的商品視為對顧客財務或保障缺门的解決方案，需求分析則為此一假設前提之翹楚；找到對顧客的銷售施力點，一直是咱們「泡茶」「聊天」「喝咖啡」「建立關係」銷售文化的開端；像西方文化這麼單刀直入式地切入銷售主題，對東方人來說，著實使人「不自在」，覺得太商業、目地導向，就是缺少了點人情味，少了人情味，銷售這道菜就令人難以下嚥！

然而，西方商業情境中的單刀直入，直指核心也並非一無是處，在一個以「秒」作為競爭與學習單位的商業世界裡，哪還會有那麼多顧客，特別是那些重要的高資產族群與人士們，誰會有那個閒工夫陪你聊天喝咖啡，好讓你好整以暇地對他（她）銷售呢！想到這一不協調的畫面，還真令人發噱！

需求分析也不是萬靈丹，有十億資產的顧客經過分析，你說他（她）保障有缺口，他（她）也許會反問你，「你有沒有十億的資產」，「我保障有缺口，然而我有十億資產，那你呢」，這牽扯到一個人性上的問題，需求分析是在找財務及保障上的缺口，缺口指得就是問題，糟糕的是，主觀意識愈強的人，愈不願意承認或面對問題，更別說是在銷售人員面前承認自己的財務或保障缺口的問題，取而代之的則是一連串的自我防衛系統，築起防禦工事，聽起來，實在是個不智之舉！

靠腳力

你：王老闆，經過分析，您的財務風險過高，因為您過去大都偏向高槓桿的投資項目，因此保障也不足，我建議您可以從基本的壽險保障與實支實付型的醫療保險開始規劃。

王老闆：說實在話，你之前問我的哪些收支或過去投資理財的數字，我也不是很確定正不正確，我只是有個概略的印象，這樣不確定的收支或數字你拿去分析，還能給我建議，還真不簡單，不過，我不敢接受這樣的建議，要是你，你能接受嗎？

你：其實也並不是一定要很精確，有個大略的方向與比重分配，再搭配您的年齡與未來的風險系數，我們就可以據此給建議。

王老闆：沒關係，你把建議書留下，我自己看；看不懂，我再問我們的財務長。

你：那我是不是也要跟財務長說明一下。

王老闆：不用，需要我再跟他討論。

重點

顯而易見，有很多的銷售人員，腦袋像被灌了泥漿一樣，學了需求分析，卻不知如何靈活運用與變通，一味地執行這僵化的動作，而忽略了「人」非機器，我們有情感、情緒、理智、經驗乃至不同的人格特質，不能像裝罐頭般地塞進同樣的內容或問題，還能期望每個人的反應都一樣，就像你不能用做粽子的原料跟過程，最後，卻期望產生起司蛋糕的結果與價值！套一句流行語：傑克，這真是太神奇了！

靠腦力

你：王老闆，您原本已經做了很棒的資產增值規劃，根據您給我的資料來看！

王老闆：是啊！你看我還缺什麼嗎？！

你：說實在話，除了您的本業賺錢外，您的投資組合所帶來的長期報酬也都很理想，要想再說您缺些什麼，您根本什麼都不缺，是吧！

王老闆：是啊，我也是這麼想，不過，根據過去的經驗，你們同行在看完這些資料後，都說我的財務風險高，所以也建議我補足風險的缺口

你：那您認為呢？

王老闆：我認為他們的腦袋有問題。

你：為什麼？

王老闆：我當然知道他們要推銷，跟你一樣，祇是，說我財務風險大，沒聽過古人說「富貴險中求」嗎！

你：我真是受教了，王老闆，您說的一點也沒錯，如果，您要再做些什麼，您想要在財務上做些什麼呢？在現有的資產基礎下。

王老闆：我就覺得稅繳的有點多！

你：是「有點多」嗎？

王老闆：其實，是「很多」！

你：您的意思是…

王老闆：有沒有什麼方法可以合理合法的節稅呢？

你：您問過您的財務長或會計師嗎？

王老闆：他們處理的，只是公司的帳，我問的，是我私人的錢！

你：哦！稅法規定，您每年有 220 萬新台幣的免稅額，您有利用或

規劃嗎？

王老闆：我知道，只是我什麼也沒做，太忙了！

你：那您要我幫您做些什麼？

王老闆：我看，就從這個開始吧！

關鍵

觀察、描述、確認，是催眠式銷售誘導的三步驟，觀察你的顧客表意識與潛意識的訊號，描述你對顧客做的觀察，最後，確認你對他（她）做的描述是正確無誤的；觀察；都是從對方「有」的開始，而不是假設他（她）沒有，譬如、你原來已經有醫療保障了吧！來取代傳統的推銷告知：王小姐，我們公司最近有推出一張實支實付而且還本型的醫療保障，妳聽聽看，還不錯哦！

你應該能預測接下來，顧客的反應會是什麼！

記住，永遠從顧客有的開始，而非假設他（她）沒有，而你提供的商品就是解決方案，這樣的邏輯，不叫邏輯，因為不符合人性！

從顧客有的開始描述並確認，通常你得到的反應是 yes，相反的，從顧客沒有的開始，你得到的，是 No，誰叫有問題的人大多皆不願意承認！

從人性的反應來看，這其實是很合邏輯又有道理的，同時又很有效，實用性其來有自：你可以練習以下的誘導，先當顧客，看看你的反應如何：

你：王先生，你原來已經有投保了吧！

王先生：〈有啊〉

你：那你投保要不要繳保費？

王先生：〈要啊〉

你：你繳了保費，是不是會換來對等的保障？

王先生：〈是啊〉

你：那你的保障，除了保障的功能外，可不可以累積額外的退休金呢？可以就可以，不行就不行？

王先生：〔三種可能的回應〕

反應1：沒有

你：那可以有，你要不要有？

王先生：〈要〉！

反應2：有

你：你會不會嫌退休金領太多？

王先生：〈不會〉

你：那有多的可以領，你覺得好，還是不好？

王先生：〈好〉！

你：要！還是，不要？

王先生：〈要〉！

反應3：不知道，不清楚有沒有

你：王先生，有，你就會知道，不知道，就是沒有，那，可以有，你要不要有？

王先生：〈要〉

至此，也可能延生出這樣的反應，對方不直接跟你說要，他（她）可能會有如此的反應：

王先生：我聽看看！

你：王先生，我只能幫「要」的人要，我不能幫「聽看看」的人要，所以我再請教你一次，可以有，你要不要有？

王先生：〈要〉！

這跟控制理論沒關係，請你注意每位你對話的人或顧客，大部份時間，只要你從他（她）有的條件開始描述並確認，對方的一連串反應都會是你要的，這在銷售上有什麼實質的好處或意義嗎？

讓我們看清一項事實吧！

成交，不論金額大小，是一個 big yes〈大的 yes〉，而大的 yes，則是從小的 yes 累積來的！

Yes ！不爭的事實

讓顧客從小的 yes 不經意的跟著你，他（她）會習慣跟著你的誘導前進，直到達成交易，而當你不習慣讓顧客從小的 yes 跟著你，到成交這個大的 yes，困難加倍！

我也許不該透露這麼多催眠式銷售的秘密，不過，我真的要幫助你在銷售事業上突破，也就不能太吝嗇，你說，是吧！

我很清楚的知道，顧客要的不是一個保險業務員，
而是一個能幫他(她)解決現在(或未來)財務問題的人。

22 潛意識誘導於銷售行為上的運用

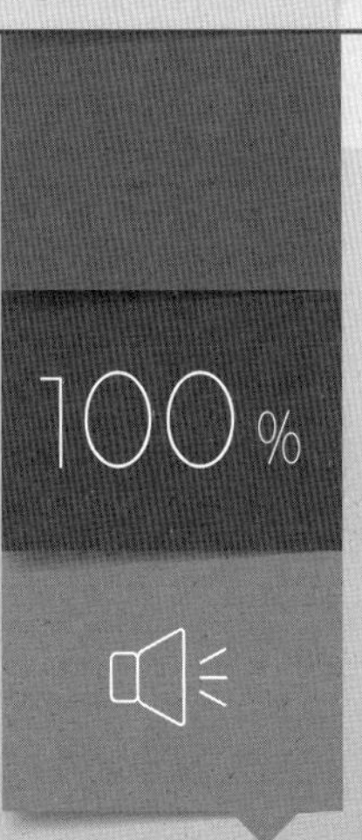

廿二、潛意識誘導於銷售行為上的運用

成功學是這麼灌輸我們的：

當你的想法跟一般人一樣的時候，你就會做出一般人的言行舉止，努力工作的結果也就一般。當你的想法卓越，跟一般人不一樣的時候，在追求成功或創造價值的道路上，你就會表現出卓越的言行舉止，努力創造的結果也就不一般的非凡！好吧，不這麼囉嗦的簡易懶人版是這麼濃縮上述的道理：**在銷售事業上，你怎麼設定自己，你就成為什麼樣的人！**

自我設定與想法是兩樣不同的東西，想法常常隨著你遇到的環境、氣氛不同而不同，它並非一個常態值，相對的，它是一個變動性很高，容易對外在環境作出的反應。而自我設定則不同，大異其趣，它深植在潛意識當中，所以，往往人們的理智或表意識層面察覺不到，雖然察覺不到，自我設定卻會影響人們外在行為努力的一切，不論結果好壞。

靠腳力

王老闆：等我那筆滿期金到期領回再來談吧！

你：那還用多久才到期呢？

王老闆：再等一年就到期了。

你：到期後領回多少錢？

王老闆：600 多萬。

你：可是，王老闆，現在已經是年底，你也知道年底我們都在拼歲末業績，至少可以幫我一下，依您的財力，每年 100 萬 6 年期，應該沒問題。

王老闆：我就說等之前那筆滿期金到期領回，再來看看吧！

你：那還要等一年後，太久了，您也知道遠水救不了近火，不然，您看在您能力範圍內，怎麼樣的數字，是您比較能接受的呢？

王老闆：不是這個問題。

你：那，不然是什麼問題？

王老闆：應該是你搞不清楚狀況的問題！

重點

心急吃不了熱稀飯！銷售人員拼業績競賽，關顧客什麼事；皇上不急，急死太監也沒用。

這種只想著自己的業績目標的銷售人員可多著，滿山遍野，誰造成的？短視近利的業務主管或公司決策者造成的。一旦訂定了業績或競賽目標，為了達成，可以不講究作法，反正不管黑貓白貓，會抓老鼠的，就是好貓。

問題是，顧客與銷售人員都不是貓，也沒人該當老鼠，這個比喻實在離事實太遠，不能做為業務決策層脫罪的藉口與理由。

如果業務團隊少點傳統的推銷、徵員話術訓練，甚至完全不用，改採對「人」的專業知識訓練，或許情況會大逆轉！

靠腦力

王老闆：等我那筆滿期金到期領回再來談吧！

你：王老闆，您為什麼會想到滿期金這件事呢？

王老闆：再一年就到期，可領回總共600多萬，多出來的，自然就想到它了！

你：哦！這意思是說，只要能持續靠理財規劃，讓您每隔一段時間，就能有到期領回這些多出來的錢，您會不會很開心！

王老闆：當然會開心。

你：您這麼精打細算，您是否會浪費一年可累積複利的機會，只為等待一年後，再拿多的錢去作規劃？

王老闆：聽起來好像不大對。

你：哪裡不大對？

王老闆：我幹嘛要浪費一年可累積複利的機會，犧牲掉這一年可累積的複利，再重新作規劃，這不是不合邏輯嗎！

你：那怎麼樣才符合您的邏輯與最大利益呢？

王老闆：當然是現在就可以累積複利，等一年後要做什麼！

你：是啊，那您要我做些什麼呢？

王老闆：你直接跟我講怎麼做就好，一年100萬。

關鍵

人的表意識與潛意識功能互補，不過，也大異其趣，表意識是人的批判因子來源，所謂的知識、理智皆對其有明顯的作用。

人的潛意識是慾望核心，任何購買行為皆根源於此，想想看，沒

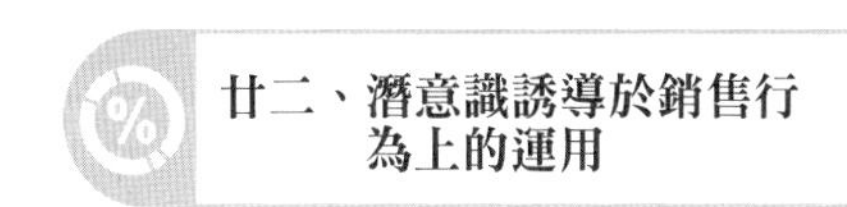

有慾望，你是不是許多事都提不起勁，更別講採取什麼行為或行動了！

既然如此，學習觸動人們的潛意識慾望，不就是銷售人員、銷售領導人最該要主動學習的工夫嗎？可惜，現實的世界並非理想化的烏托邦，若真是如此，也就不會有這麼多的銷售人員、業務主管不動腦，只動腳去推銷了！

人們的慾望核心一旦被觸發，就會產生「要」什麼的衝動，而這樣的電子脈衝會傳遞到表意識，表意識隨即會尋找或編織一個或數個合理化、理智的理由，進而讓自己擁有所想或所要的一切，不論要的標的是無形的愛、尊重、感覺，亦或是現實的物品以及其它一切要擁有的！

你並不清楚與顧客的銷售互動中，你所說的每句話、問的每個問題、說明的內容與表達方式，是根據顧客表意識的反應，還是直指潛意識慾望的核心。

大部分的銷售人員，會不自覺地觸動顧客表意識防衛的警鈴而不自知，甚至習以為常，還記得表意識是人類批判因子的來源嗎！

人們以為自己的任何決定，都是經過審慎的理智過濾篩選過後的行為，其實不然，人們「要」買什麼、擁有什麼、投資什麼、規劃什麼，都是表現慾望的一種行為，而表意識所謂的理智，不過是為人們要些什麼，找到合理化、科學化、數據化、社會化、人文化的現實依據，好讓自己能滿足慾望核心表現的渴望；任何一個人，只要是還活著，有清楚的意識、或有意識的行動，皆有慾望支撐著這一切。

為此，就值得在下再重複一次這項亙古不變的真理：

人們的購買行動，來自於購買衝動，而購買衝動，來自於購買慾望，而慾望，來自於人的潛意識，不在表意識裡！

圖一、傳統的業務推銷訓練〈告知、說明、說服〉

註 1. 對表意識說明的愈多，顧客理解力愈好，購買慾望卻下降。

圖二、催眠式銷售，誘導三步驟〈觀察、描述、確認〉

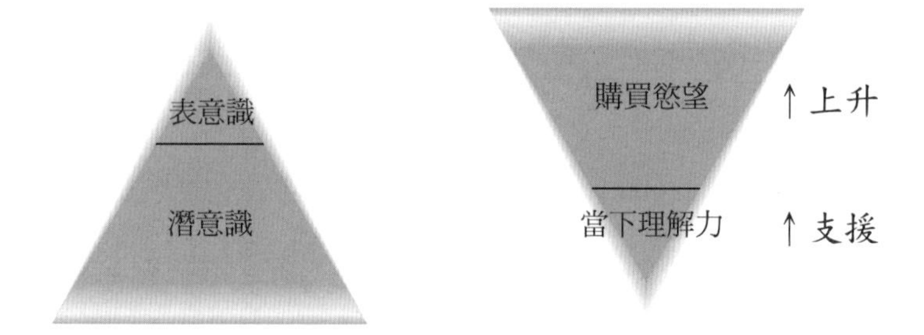

註 2. 對潛意識做好誘導，而非用傳統的告知、說明、說服，顧客的當下理解力會支援購買慾望，於現實情境中，找到決策依據。

有些人說，萬一顧客「醒了」，後悔了怎麼辦？這實在是無稽之談！也不求甚解的亂評論，**對潛意識下達正確指令，要的渴望促使其採取購買行動，而掌管理智的表意識則會根據潛意識的慾望來尋求現實生活中，支持其決策的依據或證據。**

想想看，有沒有道理，人們真的「需要」一輛在市區限速下，8 成馬力都用不到的法拉利嗎？

你的智慧型手機所有功能你都「需要」用到嗎？還是，有一半以上的功能，你連碰都沒碰過，而你付的費用，當然也包含了這些從未用過的功能設計。

把「需要」從你的銷售字典中刪除吧！

我知道你每天在股市中殺進殺出，是箇中好手，只是每天都吃麻辣鍋，偶爾也該來點清胃脾肺的甜點，好比我幫你設計的財務規劃。

23 如何喚醒人們潛意識的慾望

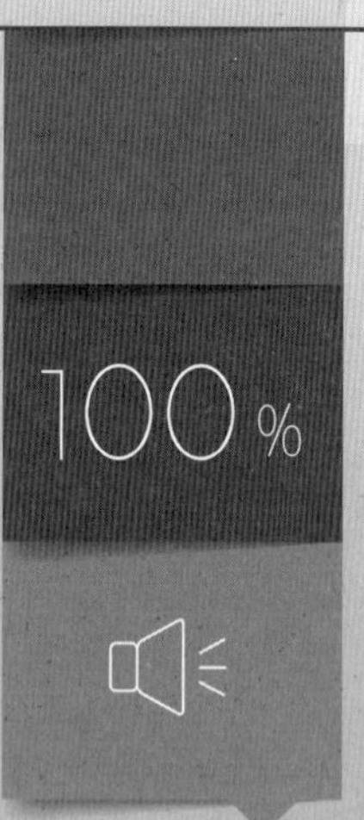

廿三、如何喚醒人們潛意識的慾望

「喚醒」這個動詞，其實並不能放在本章的標題，惟一用它的理由，是它很白話，事實上，就催眠式銷售而言，正確的相對性字眼，應該是「誘發」。

之所以沒用「誘發」，完全是為了易於為你所理解，然而，「誘發」的字面意思，指得是「誘導使其發現」。

因此，本章的主題，正確的命名應為：如何**誘導**顧客，使其**發現**他（她）的**潛意識慾望**！

如何做到每銷必售，是每位積極、努力又認真的銷售人員、業務主管心中最渴望的一件大事，要將渴望透過有效的行動變成事實，不僅要努力，更要從有效的行動中實踐，而非只強調行動或執行力的多寡。前文中強調，在銷售事業上，有效的行動，比「只是行動」要重要多了！

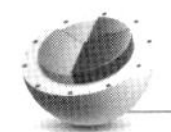

靠腳力

王老闆：說實在話，我過去都是透過投資銀行來理財，從未想到透過保險公司！

你：投資銀行？哇！那風險不是很大。

王老闆：還好，大部分都在可掌控範圍內。

你：那，王老闆，能否讓我幫您做保單檢視呢？看看有些什麼要補充或修改的！

王老闆：保單檢視？要檢視什麼？該買的都買過了！

你：您都買哪些？還記得嗎？

王老闆：反正該有的都有。

你：有些保戶在還沒做保單檢視前，一直以為該做的、該買的都已經買了，後來才發現，有很多是不足或買錯的，所以，保單檢視真的很重要，尤其對已經買過很多保單的保戶而言。

王老闆：我懂，祇是，這方面都不是我在處理，是我太太在處理！

你：您這麼忙，讓夫人處理也是應該的，那我什麼時候可以和她碰面談談呢？

王老闆：我和她談過再告訴你。

重點

銷售人員常常忽略或漠視顧客的潛意識訊息，而只針對語言內容作反應，因而搞砸了可幫助顧客得其所欲的機會；又或者，太專注在自己的業績目標達成與成交與否，焦點卻沒放在顧客身上。

人們的表意識理智會發現，所有的現實情境或困境，並據此作出反應模式，在銷售行為上則更為明顯，就像顧客在決定做規劃前，說「要考慮時」，就會誘發銷售人員這樣的反應：

「這麼好，你（妳）要考慮些什麼呢？」

「為什麼還要考慮呢？」

「考慮？是我的說明哪裡不清楚嗎？」

……這些線性反應不一而足，族繁不及備載！

有位學員問了這樣一個問題，他的顧客在銀行上班，跟他做了一份優渥的躉繳型儲蓄險，做為自己未來的退休金規劃；此銀行行員也順道推荐她的父母，起初，她的父母還蠻有興趣，不過，一提到要將原銀行的定存解約，提領出來，去做這份躉繳型的規劃，兩老就又打退堂鼓了！原因是，他們說「太麻煩」！錢已經存在銀行，還是不要亂動。

「怎麼處理」？他問道！

很多銷售人員以為，我是解決問題的專家，任何的疑難雜症到我這兒，問題自動迎刃而解；這剛好是我創辦威力行銷研習會廿年來（1997 年 7 月至此書付梓：2016 年）極力避免之事。

既然學員稱筆者為金牌教練，想當然耳，教練的職責是專門負責訓練你奪金牌，要在銷售上奪金牌，你必須學會系統思考，以及辨識何謂「人」的專業，而非製造了一堆銷售的問題，再去想怎麼解決問題。

本人一向主張，問題本身就是答案，既然問題本身就是答案，哪裡需要再去想如何解決問題的答案呢？！

雖然前述章節已闡述過這個策略性的概念，不過，許多銷售人員還是靠線性反應去解決問題，而導致引發更多的問題，搞到他們也不清楚，為什麼這麼多談過的顧客，明明有購買能力或是高資產，卻簽不下來的窘境。

靠腦力

王老闆：說實在話，我過去都是透過投資銀行來理財，從未想到透過保險公司！

你：為什麼呢？

王老闆：道理淺顯易懂，它能幫我賺錢啊！

你：您指得是投資吧！

王老闆：對啊！不然怎麼賺，他們有這方面的專家。

你：懂了，相對於保險公司，功能則與投資銀行大異其趣，是吧！

王老闆：當然囉，術業有專攻嘛！

你：哦，那您認為，保險的專業專攻在何處呢？

王老闆：當然就是保險、保障嗎！

你：王老闆，看來，您還蠻喜歡投資銀行為您創造資產、財富的服務。

王老闆：對啊！

你：既然您喜歡專家幫您賺錢，那您會不會反對有專家幫您省錢？

王老闆：省錢？這怎麼會反對，不會反對！

你：台灣的經營之神，王永慶先生，他生前說過：你賺到的錢，不全都是你的；你能留下來的，才是你的。王老闆，您贊成嗎？

王老闆：贊成。

你：那，您知道如何有效又合法的省掉稅金支出嗎？

王老闆：不是很清楚，怎麼做？

關鍵

有投資銀行的專家幫顧客賺錢，相對於也要有專家幫顧客省錢，賺錢－省錢，不是很速配的一對嗎！至於省錢的作法，則是你的專業知識所在。

不過，若是告知顧客，你可以幫他省錢，那是徒勞無功的，**告知，是最差的表達方式**，卻也是最多業務員、業務主管使用的方式，為什麼？其原因顯而易見，沒有要的欲望，告知再多銷售或產品訊息也不會有用，告知顧客商品訊息或事業機會，純屬單向式的發佈訊息，並無法燃起人們要的欲望。

你最好擺脫商品解說員的角色吧！學習成為一個激勵顧客採取規劃行動的專家，才是你真正該努力的方向！

我可是拼老命，打破咱們中國人的禁忌，
才和你提起保險，沒把你當自家人看，我才不提呢！

24 中場提醒：為什麼贏了一場戰役，卻輸了整個戰場

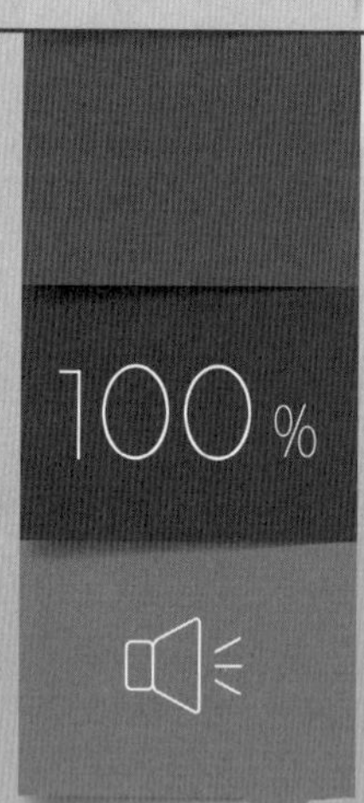

廿四、中場提醒：為什麼贏了一場戰役，卻輸了整個戰場

此章的標題，應該反過來解讀：如何贏得整個戰場，儘管輸了一場戰役？

一位壽險顧問簽了一張很「大 case」，團隊主管特地表揚她，其他團隊也請她在早會時間去分享她是如何簽成大 case 的秘訣。一年後，她卻被公司「考核」掉了 !!（業績未達最低標準）。

連續 3 年榮登公司銷售第一名的總會長，風光地到處分享其成功經營獅子會或扶輪社等企業主人脈，同時，亦擔任社團的主要會長，公司或所屬業務團隊的銷售人員皆將他（她）視為如推銷之神－原一平一樣的崇拜，接下來三年，卻銷聲匿跡，業績大不如前，之前創造的佳績被後起之秀給超越。

帶著 3-4 百位業務員的業務副總、部長或協理，過去 10 年人力與績效都以倍數成長，接下來的 3 年卻兵敗如山倒，人力大量流失，銷售人員士氣像人力一樣大幅滑落，「市場、景氣這幾年都不好」、「公司制度因合併後，對我們主管不利，導致人員紛紛離職」、「同業的轉續條件太吸引人，一堆人跳槽」！這位主管如此自我解釋。

業務團隊沉浸在業務競賽的熱烈氛圍，競賽期間，業績飆高，競賽結束業績自動下滑；保險公司商品停售前業績大增，停賣完業績慘澹。

這是怎麼回事？

將時間軸拉長來看，你才能清楚地見識到系統結構的作用力，是如何影響著你或業務主管、公司努力採取行動後的結果。重點是，銷售人員注重短暫利益的施力過大，造成某些長期傷害，然而，卻不自覺地重複這樣的「努力」與「行為」！就如系統思考所形容的，「似乎」有一股看不見的力量，不斷的影響著人們努力的結果，短暫的促銷獲利方案，卻帶來下一波的滯銷或獲利下滑，就像坐雲霄飛車，上上下下。

當業績下滑，管理階層就會多給一些紅蘿蔔當獎勵，以激勵、刺激銷售人員的執行力或動力，管理層永遠不清楚，為什麼這次加碼的競賽或獎勵績效的方案，帶動不了多大的突破，也弄不清楚，較資深的銷售人員，除了少數 20% 的業務人員「有感」，為競賽達成高峯而做，大部分 80% 却無動於衷，業績平平，毫無起色，窘況一再發生，似乎銷售歷史一再重演。

「我們的銷售周期很短」－一位業務部長告訴我，「我們的業務人員平均一個月最少也有 10 萬 NTD 的收入」，他繼續說道，想當然爾，是要向我證明他的 200 多人的團隊是個高績效團隊。怎麼做到的呢？！這可是了不起的成就，在距今（2017 年）的 15 年前。「我們都是擺展示攤位，在戲院、大賣場人多的地方，不論是機車險、儲蓄險、申辦信用卡、車險……現場就能立即說明，立即成交，平均一個 case 用不到 15 分鐘，快速篩選、快速成交」他很自豪地表示，「所以你看，我們是第一名的團隊，其它區域的團隊也想學」

「哦，那你們這麼棒的做法，有這麼傲人的績效，真是不容易，部長，我很好奇，你們這麼做之後，顧客是不是照你說的，快速成交」我好奇的問，

「是啊！」

「那你們顧客的續繳率如何呢？」我進一步探詢；忽然間，辦公室的空氣像靜止不動一般，幾秒的時間像過的特別慢，「你怎麼知道我們的顧客續繳保費 70% 都有問題？」

我怎麼知道？！系統的結構力量使然！正確的系統診斷是從事銷售訓練這一行的基本素養。

1. **保險金融（商品）銷售屬於深涉型商品**，顧客在採取行動前要審視的因素如預算、風險、對銷售人員的信任度、公司的口碑與形象、對商品帶來的功能與價值評估，家人是否贊成或是有不同意見……要牽扯的心理或是現實考量因素可不只一項。
2. 到超商買瓶醬油或飲料屬於**淺涉型商品**－你去購物架上，拿了一瓶你要的飲料，不用人解說，也不用簽約，更不用售後服務，你認不認識店員根本無所謂，付了錢，打開瓶蓋就往嘴裡塞，享受即時的滿足。

只要將深涉型商品，搞成淺涉型商品販賣，有短暫利益（快速成交），卻造成長期傷害（保戶續繳出問題）。

一不篩選顧客，二不清楚能力與意願，三將所有對於現實因素摒除，快速成交，也快速契撤，或是信任感不足，或發現這規劃沒有經過深思熟慮，自然就會產生副作用力。

更糟的作用力，則彰顯在銷售人員普遍專業不足或不講究專業的致命傷上，擺販式銷售，現場成交的愈多，導致未來幾個月內契撤或不繳保費的人就愈多，因此，形成所謂的「黑色倒閉」——表面業績愈高，獲利愈下降，獲利愈下降，業務主管或業務人員就愈加強現場接觸顧客數量，而現場成交顧客數量愈多，幾個月內契撤反悔或不續繳的保戶就愈多，業務人員獎金被倒扣的就增加，導致人員離職率居高不下，最後剩下的業務員大多是當初沒這麼做的業務，連 20 人都不到的團隊！

真是個……血淋淋的教訓，不，應該說一個很好也很棒的真實案例，一如系統思考所描述的，人們往往忽略，系統結構與時間軸交互的作用力，而讓人們成為自己努力行為下的犧牲者，然而，在短暫行為有效的當下，人們是看不出短暫利益，是怎麼在經過一段時間滯延（Time delay）後；產生的抵消先前努力的效果，甚至形成毀滅性的後果。

發人省思嗎？你要不要開始檢視自己現在的銷售或建立團隊、訓練業務員、以及自我學習執行有短暫利益的作法，未來會產生甚麼樣的作用力與結果？在經過一段時間之後！

有時候銷售資歷愈久、職務愈高的業務主管，就愈依賴自己過去的經驗去銷售、增員、帶業務員；要突破，還是要學習跨出自己的經驗範圍，看看如何建立更強大的團隊，或是長期性的突破績效與收入，而不是偶一為之！

結構，真的決定結果。

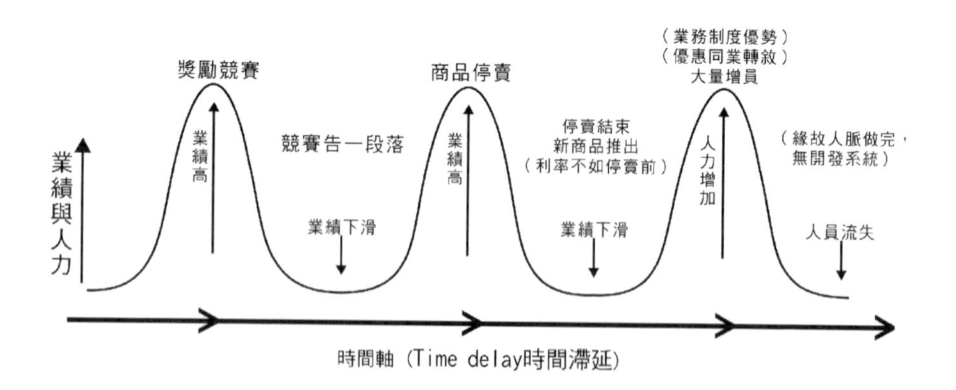

25 有時，什麼問題都不用解決，問題就解決了

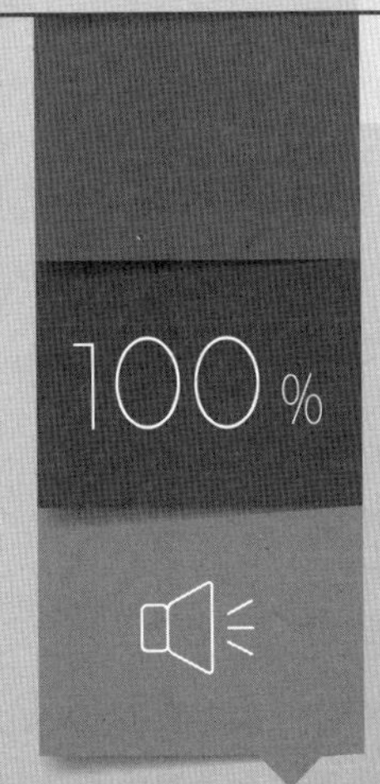

廿五、有時，什麼問題都不用解決，問題就解決了

眾所周知，業務的銷售前提，皆以「解決」問題或提供「解決方案」做為銷售的基礎，自然而然，業務員理應是一個很會解決問題的人。解決顧客提出的問題，被銷售人員視為一種專業呈現的管道與媒介。

然而，真的是如此這般嗎？！

如果我說，80% 的銷售人員「解決顧客提出的問題，是浪費力氣與時間的無效作法，你相信嗎？！」

就事實來看，在銷售上，根本沒有值得解決的問題！而沒有問題，又怎麼會有答案、或解決方案呢？

靠腳力

王老闆：我回去跟太太討論完後，她說不用了。

你：為甚麼呢？

王老闆：她說不想多花錢買保險。

你：不然，如果把年繳五百萬變成二百萬呢？

王老闆：她不會同意的啦！講也沒用！

你：可是，再不買，這個月底就要停賣了，要不要我去跟夫人談談。

王老闆：我知道你很專業，不過，她不喜歡跟業務員談。

你：其實，我只是想知道夫人說不想花錢買保險是什麼意思！

王老闆：他說錢有更好的投資，沒必要放在保險，我們家不缺這個

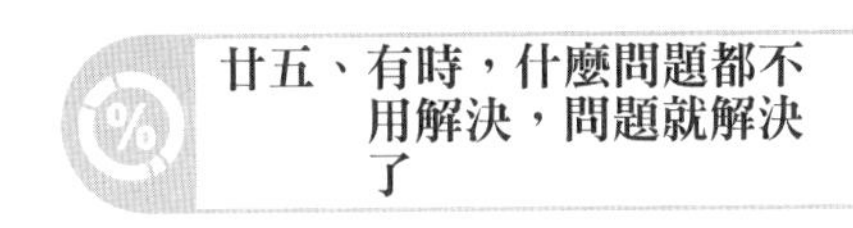

錢。

你：雖然不缺錢，風險還是在啊！

王老闆：她說我們自己就可以解決，用不到保險。

你：可是，再怎麼有錢，也還是會有風險存在，風險是不挑人的！

王老闆：我知道，只是，太太不同意，我也沒辦法，你知道，家和萬事興嗎！總不能為了這種事弄得不愉快，沒必要吧！

你：王老闆，你不再考慮一下嗎？

王老闆：還是算了吧！

重點

如果你發現，說服人去改變，往往是徒勞無功的事，不用太驚訝，大部份的人都知道為什麼要改變，也清楚知道，改變後，錢會賺更多，日子更好過，投保後，財務與人身風險可轉移，不用自己與家人承擔，都知道，然而，真正願意付出行動去改變的人，卻不多。

而銷售人員每天都在做「改變」顧客的事，這是全世界最困難的工作之一。而這也是為什麼業務員的陣亡率（流動率）居高不下。同時，也是業務主管或公司，不斷要增員，以擴充人力業績的原因之一，總是有人做不下去，賺不到糊口的收入，又要面臨生活的支出，少有人能撐過入不敷出的日子超過 6 個月！常有人說，業務能做的好，都不簡單，這句話一點也不假。

只是，銷售人員積極地展現強烈的銷售動機，卻常遭致顧客們的反彈，而業務的屬性，似乎就在這想像與現實間擺盪！

靠腦力

王老闆：我回去跟太太討論完後，她說不用了。

你：為什麼呢？

王老闆：她說不想多花錢買保險。

你：您的意思是說，您討論過後，夫人說，不想多花錢買保險，是嗎？

王老闆：是啊。

你：那您的意思呢？

王老闆：我也認同她說的，畢竟，我還是要尊重她。

你：我瞭解了，王老闆，夫人跟您都是對的，您知道為什麼嗎？

王老闆：為什麼？

你：你們不但是對的，而且，你們所說的，正是你們要做好風險控管規劃的理由，你知道為什麼嗎？

王老闆：什麼意思，不懂？

你：夫人跟您不是說不想花錢買保險嗎？

王老闆：是啊！

你：那保險業二百年來，不就是要幫保戶在風險來臨時，讓保戶省錢，或不讓他們花錢而存在的嗎！

王老闆：……

你：你們不就是為了以後風險萬一發生時，不要用到自己或子女的錢而投保的嗎？！不然，哪還有投保的必要呢！王老闆，您仔細想想，我沒說錯吧！

王老闆：嗯，是沒錯。

你：既然夫人不想花錢，那您問問夫人，當風險發生時，她是要花自己跟子女的錢好，還是用保險公司的錢好？

王老闆：當然是保險公司的錢好。

你：哦！那，王老闆，怎麼樣才能在風險發生時，不花自己或子女的錢，而是保險公司來出錢呢？

王老闆：我知道了，那要怎麼做？！

關鍵

愛解決問題成了業務員的天性，是時候該重新學習，重建新的思維與架構。

解決問題的意思就是，備妥各類問題的相對性說法，譬如此案例，靠腳力的業務員會不自覺地被問題捲進去，導致顧客與業務皆走進死胡同，而之所以這麼做的原因，皆來自錯誤的假設前提，以為解決完問題，顧客就沒有問題，然後就成交了。如果事情真那麼容易，那銷售也太容易，80% 的業務員都發財，成為千萬或億萬富豪了。

如果不去說服或所謂的解決問題，而是學習看清問題或人的本質，再從這項本質延伸出人們為什麼要購買的理由，進而去讓人們自己啟發自己去採取行動，走一條阻力最小之路，不是既省力、又省時、效果又好的不得了，不是很好嗎？

我們傳統的業務技巧訓練不但落伍，甚至，還危害了業務員的生存與顧客之間的信任；這並不包含與顧客間的人情、人際關係、服務品質等其它參數，單純就傳統的銷售訓練而言，主因，還是來自線性反應所造成的對立性結構。在對立性結構中，顧客的防衛會因業務員的說服而增強，傳統推銷訓練中的話術，當你仔細探究一下，你會發現，這種對立性的增強結構，其破壞性何其大！

當你是公司的業務決策者，或是業務主管，要帶領業務員創造高績效、高利潤或吸引業務高手共同創業時，也許，你們自己本身可重新審視過去所學習與累積的經驗，是遵循著傳統靠腳力打天下、亦或靠腦力擁天下！

當問題本身就是答案，你要看透的是問題本身，而不是跑去相反方向去找答案。問題本身既然就是答案，還要想什麼答案呢！

顧客的口語症就是：

1. 太太不想花錢買保險
2. 先生無法不認同太太

說實話，你也不知道太太不同意是真是假，還是顧客不好意思直接拒絕你，以他的太座來當擋箭牌！所以，不用去探究這個「太太」事件是真是假。

至於不想花錢買保險這理由則更是有趣，有保險保障這件事，壓根兒不就是不要花自己錢；在風險發生時，不是嗎！這不是保障的最基本功能，不然，還有其它功能嗎？所以，顧客講的「不想花錢」買保險，保障，不就是為了不想花錢而做的規劃，這要解決什麼？我實在覺得好玩，顧客說的，是要做規劃的理由，而傳統業務推銷話術或技巧的訓練，卻教大家，這是一個顧客拒絕的理由，讀到這兒，不知身為業務主管或銷售人員的你，是不是會有種「本來無一物，何處惹塵埃」的感覺！

話雖如此，要教導銷售人員與資深業務主管如此這般看懂結構，而不去處理症狀，卻非易事，截至此書付梓的 2016 年為止，廿年來，我還在持續不斷地努力。

26 你不能強迫顧客購買，你得想辦法讓他們要

廿六、你不能強迫顧客購買，你得想辦法讓他們要

銷售的重點，不在說明商品內容，而在如何讓顧客要。

那麼，超過 80%~90% 的業務員都被訓練成，不管顧客要或不要，先說明商品再說；也就是，說明完了，再來看對方要、或不要。以 20-80 定律（帕拉圖法則）來看，你有 8 成以上的顧客說了不要的理由，10% 的顧客徘徊在要與不要之間，剩下 10% 有可能當場成交或在接下來短時間內成交。

成交比例低，自然會讓銷售人員產生挫敗感，這也是為什麼坊間潛能激發或心靈成長的課程如此多的原因。擺明的功能，就是激發鬥志，讓受訓者抒發由市場顧客面而帶來的挫敗感，並以激勵性活動（如吞火、過火、擊破、吶喊……）來激發動能，然後，讓你產生自己無堅不摧，無所不能的錯覺，等到下次再投入市場，迎接下一波因策略不奏效、結構亂七八糟而帶來的挫敗，然後，一堆人就把這類訓練課程當成救生圈，不斷重覆，直到自己再也擠不出一點興奮感，口袋也被掏空為止！

至於傳統的推銷話術與技巧訓練，雖立意點甚好，然而策重頭痛醫頭的線性反應也不遑多讓。這也是為什麼在系統結構學裡，會主張「結構決定結果」。當然，結構也決定了內容。

要改變收入的高低與持續性、銷售成績的好壞，你要改變的是創造與開發顧客的流程與策略，這裡的流程與策略，指得就是建立系統架構，任何人都不可能透過結果來改變結構，就先後順序而言，是先有結構，才產生結果！

靠腳力

王老闆：你要邀我見面也可以，但是，千萬別談到保險。

你：為什麼？

王老闆：我的朋友們都知道，我不會接受保險業務員的推銷、填寫問卷、或引導，我連朋友推薦都不接受！

你：……

王老闆：我不希望你約我出去是有目的，你OK，我們再出去聊。

你：其實，我約你出來當然有其目的，至於保險，沒關係，就像朋友間聊天，我不會談這個話題。

王老闆：那我們要談什麼？

你：就聊聊天，喝喝咖啡，順便再跟你請教幾個問題。

王老闆：你的回答就像之前我接觸過的壽險顧問，我看，你還是不要再浪費時間繞圈圈！我也蠻忙的。

你：沒關係，王老闆，那你看我什麼時候再去拜訪你比較方便？

王老闆：再說吧！

重點

業務員通常不喜歡太直接表明要推銷的意圖，在東方社會的文化基因中，認為那實在太直接，甚至是一種不尊重人的表現。因此，就發展出了「建立人際關係」或簡稱「建立關係」的商業策略。先和目標對象建立關係，有了這層「關係」，即可卸下對方心防，以利推銷。聽起來蠻有道理，而業務主管當業務員時，他（她）的主管就是這麼教他

（她），等到自己也當上主管，自然也就延用這一套「建立關係」銷售法去教導轄下業務員，直到現在！

嘗試著與潛在顧客建立關係，通常被當作在列出顧客名單後的接續動作，沒有一個業務主管或業務員會質疑，這樣的作法，畢竟，大家都是這麼做的，有什麼不對嗎？

重點是，你捫心自問，依你的實戰經驗來看，所有你嘗試「建立關係」的潛在顧客，都成交了嗎？若這個假設前提是正確有效的，那為什麼還會有這麼多超過九成以上的銷售人員「低產值」呢？照道理說，「建立關係」是銷售要做的首要工作，那麼，所有跟你有親朋好友關係的人，都成交、成為你的顧客了嗎

有沒有人因為有那一層「關係」，反而不好銷售、不好開口的，多不多？！

建立與潛在顧客之間的關係並非錯事；只是，一談到要建立關係，就不得不「花時間」培養關係，要培養關係，銷售周期自然拉長，而現在的顧客，你對他（她）的銷售周期拉愈長，顧客的購買欲望就愈低！為什麼？有兩項主要原因：

1. 顧客的欲望稍縱即逝，變數太多。
2. 是誰說，全世界只有你一個人提供商品訊息給他（她），競爭對手多不多？現在的顧客被推銷的頻率與次數，有沒有比１０年前多呢？

如果建立與潛在顧客的關係，是為了銷售，而銷售的重點，不在說明，而是在如何讓顧客「要」；那麼，為什麼不能想辦法讓他（她）要，不就好了嗎？這是很簡單的邏輯，只是大部份的銷售人員想不透，在外圍繞圈圈，轉不到核心去！

靠腦力

王老闆：你要邀我見面可以，但是，千萬別談到保險。

你：為什麼？

王老闆：我的朋友們都知道，我不會接受保險業務員的推銷、填寫問卷、或引導，我連朋友推薦都不接受，我不希望你約我出去是有目的。

你：您過去是不是有被不當推銷，因而產生不好的經驗？

王老闆：是的。

你：然後，您不想再重覆那個經驗，對吧！

王老闆：推銷，不就那麼回事嗎？

你：既然我已經知道您討厭業務員的原因是什麼，您猜，我還會重覆去做您討厭的事嗎？

王老闆：應該不會。

你：我也是壽險顧問，我得替過去那些強迫推銷、給您人情壓力的同業道歉，您知道為什麼嗎？

王老闆：不知道

你：同時，我也必須感謝那些讓您討厭的同行，您知道為什麼嗎？

王老闆：不知道

你：您聽聽看有沒有道理：您認為，這世上每個人、包含您我，都能掌握任何未知的風險嗎？

王老闆：哪有可能！

你：我很同情過去您的遭遇，那些同行的出發點是對的；然而，他們的表達方式却是拙劣的。您仔細想想，我沒說錯吧！

王老闆：是沒錯。

你：因此，真正的重點是，您是要繼續排斥大部份的壽險顧問，用傳統的方式向您推銷，而導致您因此暴露在最大風險之中而不自知，還是，您要選擇一個懂您的人，和您好好的坐下來，討論來自健康、生命、金錢等風險的規避之道，把該轉移的風險轉移，而非由家人或自己承擔，無論您是家財萬貫、或是維持小康，您要選 1，還是 2 呢？

王老闆：當然選 2 囉！

你：您現在願意平心靜氣的，好好坐下來和我談談，該怎麼轉移各項風險了吧！

王老闆：好吧！不然我們就直接約在我的辦公室。

關鍵

任何的改變，只要經過人們表意識的處理，最後，都將徒勞無功地邁向失敗一途！為什麼？

表意識，是人類批判因子的來源，就拿癮君子來說，超過 80% 的抽菸者都「知道」要戒菸，做得到的，不到 10% ！ 90% 過於肥胖者困於隨之而來的慢性疾病威脅，也都「知道」要減重，要運動並控制飲食，你猜，真正能做得到的比例是高、還是低！你問一位業務員，「知不知道」要一日三訪或一日五訪，當然知道，每天都如此這般做得到一日三或五訪，連續五年不間斷嗎？

人們「知道」的很多，做到的，不及知道的一半！這是怎麼回事？

人有兩個系統同時存在，也同時在運作，然而，功能卻大異其趣！

一是「知覺系統」，另一個，則是「神經系統」。

你是否清楚地知道，人的知覺系統會欺騙自己的神經系統？！為什麼？

「知覺系統」負責儲存知識、察覺經驗、以及辨別是非；「神經系統」則負責採取行動；那麼，「知覺系統」是如何欺騙我們自己的「神經系統」呢？

透過跟自己或他人說:「我知道」這三個字來達成自我欺騙的功能。你這輩子只要講了「我知道」，不論知道的受詞或標的為何，皆暗示自己是做不到你知道的標的！

當你跟自己說：「我知道要一日三訪」，就代表你「知道」要一日三訪，然而，同一時間，你的「神經系統」會誤以為你知道就會做到，事實上，你做到的次數是屈指可數的。

「知道」與「做到」，是兩碼子事！用你的腦袋當成「知覺系統」的代表，你的腳，則代表「神經系統」的行動，你就會發現，頭與腳，是一個人身體最長的距離！

所以，中國古諺：「知行合一」，「學而時習之，不亦樂乎！」真是有智慧！

要破除「只是知道，卻做不到」的魔咒，最有效的方式之一，就是將口語的「我知道」改變成「我做到」或我「即將做到…」，此時啟動的就不再是你與顧客的知覺系統，而是神經系統。

你有沒有遇過一大堆「知道」要做財務風險控管規劃或人身風險轉移規劃的顧客，最後，卻什麼也沒做的人，多不多？！「我知道要做長期照顧險的規劃，但是……」，「我知道資產保全非常重要，可是……」、「我知道你們的外幣保單利率較定存好，但是……」這些語言結構有沒有耳熟能詳。「我知道……但是……」可是、但是的後面，一定是接做不到的理由！至於知不知道要做呢？當然是「知道」。

你不能在表意識的層次上去說服人們改變，人們知道要改變，然而，却會抗拒改變。從事銷售，你得學會讓人們自己去要，由人們的內在力量去啟動自己，而非單靠外力去嘗試說服對方。

除非人們自己要改變，否則，你是幫不了他（她）的！這意思是說，除非顧客自己要，否則，你是說服不了他（她）的！

看到你現在這麼努力的工作、賺錢，讓我想到15年後，
你是否能無憂無慮地退休，子曰：退休金是現在就要規劃的。

27 無理取鬧的顧客，要怎麼辦

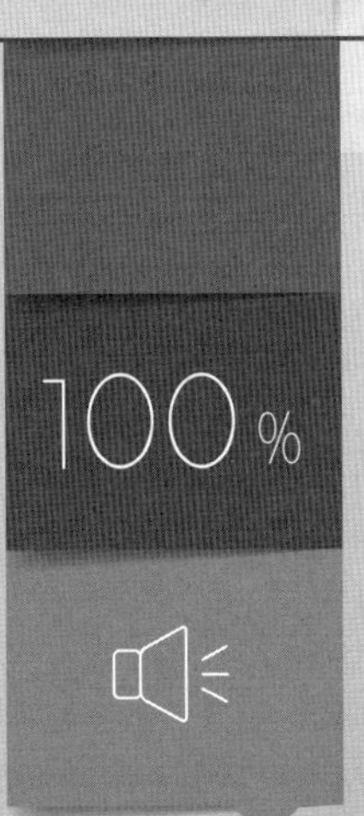

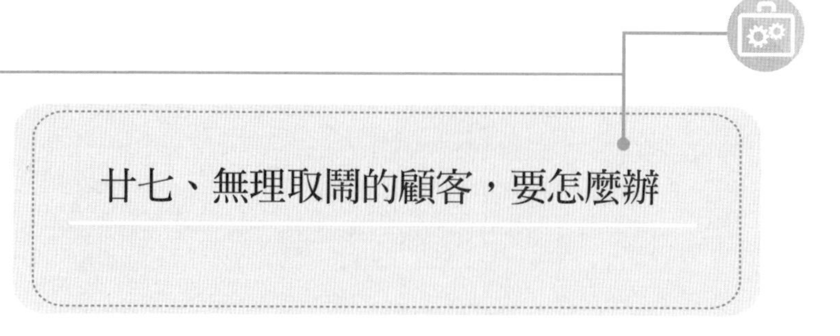

廿七、無理取鬧的顧客，要怎麼辦

曾有美國某大學商學院教授暨作者說過:「顧客永遠是對的」;「那萬一顧客是錯的呢？」有人質疑問道，「請重讀第一條」;哪一條?「顧客永遠還是對的！」這就好像咱們中國人所說的:「天下無不是的父母」是一樣的論調，父母都是對的！商場上說：顧客是我們的衣食父母。看來，這位美國商學院教授的真知卓見，不過是剽竊了我們老祖宗的一點小智慧。

只要是人，在主觀意識或自我防衛機制下，皆會犯錯，人類本就是一種持續犯錯的物種，只不過，「吾日三省吾身」，顏回的「不貳過」，即以自身的道德行為高標準來「淨化」犯過的錯，不要被同樣的石頭絆倒兩次。

「從錯誤中學習」這種陳腔濫調其實也成為會犯錯的人脫罪的說辭；既然人們可從錯誤中學習，那當然也能從做對事當中學習；錯誤中可學習不貳過，正確中可學習重覆正確的模式，甚至更精進正確之道，道理不都相通嘛！

既然，只要是人，就會犯錯，那麼，顧客不也是人嗎？怎麼可能「永遠是對的」呢？

追根究底，都還是跟「錢」有關。

美國某個商學院教授又說：「經營企業，沒有利潤，就是罪惡」，原來虧錢的企業，就是罪惡的代表！此話若成真，範圍從企業縮小到銷售人員，「經營銷售事業，沒有利潤，就是罪惡」業績低落，賺不到錢，原來是……罪惡一件。

有沒有不犯錯的人？沒有人敢打包票回答：沒有。那，有沒有不犯錯的顧客？答案是……

近年來由於智慧型手機的功能涵蓋面愈來愈廣，從通訊軟件、上網購物，繳各種費用、照相、錄影、編輯、遊戲……等令人眼花瞭亂的功能無所不包，自然有許多「犯錯」的人被手機拍下，再傳上網；原來無理取鬧的消費者或顧客是真實存在的！

既然真實存在，看在「錢」與企業、或你所代表的銷售品質的面子上，「顧客永遠是對的」隨即成為最高指導原則。然而，真的要為了錢而是非不分、黑白顛倒嗎？

或許，重點不在「爭奪對錯」，而在如何「化干戈為玉帛」；處理的過程弄個賓主盡歡、相擁而泣、欲罷不能！

為了商業利益，而放任消費者或顧客予取予求、無理取鬧、甚至顛倒是非，佔盡銷售人員或企業的便宜，那麼，是否會助長消費者與顧客「積非成是」，反而形成未來吞噬自己消費權益的肇因？企業或銷售人員的息事寧人，真的是對自己或無理取鬧的顧客最好的相應之道嗎？

當然，也不會有人或企業真的主張與這類型的消費者或顧客爭個你死我活，甚至對簿公堂，那也不是「以和為貴」的東方哲學該有的風範。這一點，與西方或以美國為主的商業價值體系與主張可是截然不同，咱們東方人處處講人情，西方世界則處處講法治。法治是以契約做為法律的依據，沒啥模糊解釋空間，講人情的東方社會體系則不這麼硬派；情、理、法，你看到這個順序了嗎？為了不得罪人，鄉愿、息事寧人、大事化小，小事化無，自然成了凌駕買賣契約的約束力。即便簽了約，付了錢，也過了法定契撤期或鑑賞期，消費者或顧客依舊有小部份「不尊重」自己當初認同的契約精神，這種「奧客」，現在愈來愈多！

靠腳力

王老闆：這次理賠我很不滿意，六年前都是你叫我把實支實付另一家退掉，不然，這次就有兩家可理賠，金額是加倍吔！

你：不好意思，當初我記得，是您自己說我們公司的實支實付醫療保障比較好，才做的決定，您說保費比較省，保障項目比較多，比較划算。

王老闆：是沒錯，那你應該阻止我把另一家原來剛做的退掉，你為什麼沒阻止我？都怪你！

你：真是冤枉，王老闆，您是顧客，我是業務，我怎麼能干涉您做的決定呢？是您自己比較兩張保障內容後，自己決定要撤掉另一家，這，應該不關我的事吧！

王老闆：唉呀，你們這些保險業務員都一個樣，話都是你們在講。

你：王老闆，反正我們公司已經依約理賠，至於您抱怨的問題，我想我也是愛莫能助，幫不上忙，畢竟，顧客是最大的，很抱歉，不過，您說的問題，不是我能負責或處理的！

王老闆：我知道你不能處理，不然還能怎麼辦！你賠我嗎!?

你：那是不可能的，王老闆，您別說笑！

王老闆：你看吧！說你們都是一個樣，算了吧！

重點

有些事或有些人，一接觸到銷售人員，免不了會有不同的反應，而這些不同的反應，也只是「經驗的投射」，什麼經驗？當然是過去曾經遇過同樣被推銷的經驗，這些經驗會在下一次接觸到銷售人員或銷售情境時「自動」重覆出現，而身為銷售人員的你，最重要的專業價值之一，不只是說明商品，講解購買程序與提供的服務，更重要的是，從顧客的反應中去觀察，整合出屬於每位潛在顧客的「行為模式」，「模式」這個字眼以英文來解釋，叫 pattern ！

不論醫學、政治、商業、學術、社會、人文……，只要你說的出來的人類活動，都有「模式」存在，那是指從行為與事件當中觀察或回溯工程，以建立一或數套讓事件能按預期發展的可控因子或準則。沒有瞭解模式，人類將無行事準則，企業將無法施行從研發、生產、製造、銷售、服務整套生存機制。因此，建立模式，人類才有形成社會、文化、生產、消費、組成家庭、政治運行的行為運作，乃為一種深植於人們意識與基因中必有的機制。

所以，你如何區分好客或奧客的行為模式呢？特別是在一開始與對方的互動當中，會關注這類行為模式的業務員不多，他們所持的觀念大多是「等碰到再說」、「我不會這麼倒楣遇到奧客」；事實是，伴隨著消費者消費意識抬頭，濫用消費權益的消費者也水漲船高，在講究「萬業皆服務業」的年代，顧客的感受至上；一位日本觀光客讚許飯店的茶「熱的好」，泡出茶的真滋味！同樣的茶，同樣的溫度，來自韓國的客人卻說茶「燙到他的嘴」，把服務人員修理的體無完膚、好不痛快！難做人吧！

靠腦力

王老闆：這次理賠我很不滿意，六年前都是你叫我把實支實付另一家退掉，不然，這次就有兩家可理賠，金額是加倍吔！

你：是嗎？王老闆，真的很抱歉，事情沒發生都不知道保障的重要性，發生了才知道，沒錯吧！

王老闆：吔！怎麼聽起來怪怪的！

你：王老闆，這不就是您的意思嗎，您說當初要不退另一家，不就有兩家可理賠，這不就是說，事情沒發生，都不能體會到保障的重要與必要性，不是嗎？

王老闆：……

你：不過，我很好奇，王老闆，您可不可以告訴我，您從有投保到現在，不管是不是跟我做的規劃或別家保險公司的規劃，您有沒有兩家一模一樣的保單，是重覆繳保費的？

王老闆：沒有啊！怎麼可能會有兩家一模一樣的保單，同時繳保費的呢？

你：為什麼沒有？

王老闆：沒必要啊！

你：為什麼沒必要？

王老闆：重覆繳費了啊！

你：哦！謝謝您，王老闆，您剛幫我解答了您的疑慮。

王老闆：什麼意思？

你：您既然沒有、也不會重覆兩張一樣的保單，更不願重覆繳保費，哪來有兩家同時理賠這事兒呢？

王老闆：……

你：您應該是說，您從這次的理賠事件發現，您要如何增加保障額度，而不只是「有保就好」，以免事情發生時，又嫌理賠金少，沒錯吧！

王老闆：嗯！沒錯！

你：您現在願意看看，怎麼在風險控管上，增加保障額度的項目與做法了吧！

王老闆：哦！那就幫我看看怎麼做吧！

關鍵

現代的銷售人員，不再只是當個商品解說員，還必須學習辨識整個結構的能力——從一個點，看到一整個面，再形成一立體 3D 的整體構面，方能正確的判斷或診斷來自顧客銷售面的問題；至於，怎麼將「問題」轉換為「資源」，那是在具備系統結構後的策略性運用。策略，是一種正、反雙向的邏輯，大部份的人並無這種來自邏輯論證上的訓練，既然沒有，荒腔走板的銷售則隨處可見，也隨處發生，自然也影響到顧客對銷售人員的專業信任感；當然，更會影響到成交命中率。

如果你不是靠腳力或傳統業務員的反應去試圖「解決」問題，那麼，就會是你開啟「思考」而非「反應」的第一步。前面提到「模式」pattern 的重要性，相對於「被動式反應」的模式是截然不同的。被動式反應為大部份人的「反應」模式——即建立在遇到問題時，針對問題去想解決辦法，所以，問題——答案，即構成了「直線性反應」，此線性反應恰為系統思考當中，彼得‧聖吉所提的「症狀解」，而處理症狀，就成為人們習以為常的反應。重點是，一個症狀處理完，沒多久，又會衍生出第二個問題，所以，症狀像肥皂泡，解決辦法（針對問題）像水，兩者一結合，泡泡就會愈來愈多，永遠都在解決問題，卻也永遠在製造未來更多、更嚴重的問題！

當我們在描述這種結構性問題時，不能將「問題」視為一獨立個題，想著怎麼去處理或解決之道，系統思考有其本質上的結構，思考的價值絕對凌駕於只是反應，太多人誤將「反應」當「思考」，事實上，人們反應很多，思考卻很少！

表面上，你會以為這位顧客以未獲得「雙重理賠」做為其抱怨的理由，如果你是「正常人」，自然會站在對立的立場保護自己，在這樣的前提下，反應就會像「靠腳力」的對話形式，其結果，你也知道，沒啥好下場！

讓我們重新「思考」一下，他的埋怨理由，不就是其察覺一旦風險發生時，保障的價值所在嗎？

再者，抱怨無雙重理賠金，請他回溯他自己過去是否投保兩張一樣的保障內容的保單，也重覆繳保費。當他自己去回溯過去的投保行為與紀錄時，他是找不到任何雙重投保與繳費的紀錄，比較多的，會是不同屬性的保單，而非同樣的保單重覆繳，既然沒有重覆投保二張一樣的保障，也沒有重覆繳費，而他也不願意重覆繳費，哪來的雙重理賠金呢？

思考的邏輯自有其辯證上的基礎架構，以及隨之而來的價值，並不能被視為一種標準答案，因為，這並非推銷話術，或是，傳統推銷稱之為，解決顧客抗拒或抱怨的方法。

學習如何系統化地思考：思考，不是指解決問題的答案；思考的力量遠大於推銷的技巧，更大於只靠人情或人際關係做生意；思考可以幫助您整合，綜觀全局，而不失之偏頗。而思考，在威力行銷研習會的訓練裡，區分為三種思考模式，此三種思考模式（3 thinking patterns）會是你建立突破模式的基礎：

1. 系統思考：學習辨視整體結構的九大模型。
2. 放射型思考：亦稱為輻射型思考，學習互為因果的創意模式。
3. 凝聚式思考：學習化繁為簡，從複雜中整理出真正關鍵重點所在的能力。

具備此三種思考能力，你就不會困於現實而無法跳脫，也不會徒勞無功地反覆採取短暫有效卻造成長期傷害的行動；同時，你更可帶領陷於現實困境的人，平心靜氣地往真正的槓桿解投注心力與行動；槓桿只有一個，症狀可有無數個！

看你孩子的頭那麼大，腦容量比一般人多，就知道你非幫他(她)存教育基金不可，不然就浪費他(她)的大頭了。

28 為什麼從顧客的角度思考這麼具挑戰性

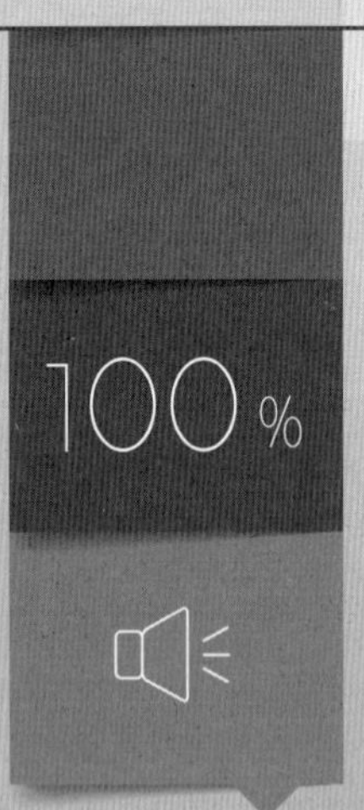

廿八、為什麼從顧客的角度思考這麼具挑戰性

此章主題真正的意思是：為什麼要銷售人員從顧客的角度去思考，這麼難？

銷售人員或業務主管從推銷、如何促成、如何達成業績競賽的目標作為出發點積習已久，他們也不覺得沒啥不對，直到遇到所謂的「銷售瓶頸」「人力成長瓶頸」「增員瓶頸」時，想到的解決方法，充其量不過就是 1. 增加誘因：競賽獎勵加碼，以刺激銷售人員的動力。2. 樹立罰則：沒達到業績標準者，假日要加班，不然，就要參加業績檢討會議。3. 增加業務會議，檢查業務日報表，主管盯業務員的拜訪量。4. 主管請銷售人員多邀約顧客來聽說明會。

聽起來很熟悉，不是嗎？

從銷售的立場發送訊息由來已久，推銷話術這種「制式化」的銷售語言，對業務員與業務主管而言，早已根深蒂固，然而，銷售語言畢竟不是「顧客的語言」，或者說，那是為了達到成交而採取與顧客「相對性」的語言，一位嫌價格昂貴的顧客，你會向其證明，這一點也不昂貴；一位說不需要醫療保障或長期看護的顧客，你會想盡辦法，說服他（她），每個人都有需要醫療保障或長期看護險。這樣一來一往的軌跡，深深烙印在業務人員的腦袋，你猜怎麼著；顧客也不是省油的燈！他們被銷售人員「訓練」的如一支精良的部隊戰士，為了捍衛自己的疆域，早就知道在哪兒部署兵力去防堵你——銷售人員的銷售攻擊了。

如果有人問你，什麼是「顧客的語言」？你可能弄不清楚那是什麼意思。若有潛在顧客跟你說：業務員就是靠一張嘴，你也許就會懂；在潛在顧客的認知裡，他們對待銷售人員的方式雖不是如出一轍，畢竟也差不了太多。

靠腳力

王老闆：對於你談的退休金，我沒興趣。

你：王老闆，根據您上次填的問卷，就是退休金規劃的問卷，每個人都應該為未來退休金生活做好準備。

王老闆：我沒有要買。

你：您在問卷中，有寫出想要的退休金數字，怎麼會沒有要存呢？

王老闆：沒關係，先不用了。

你：那您覺得什麼時候做比較好？

王老闆：我現在根本就不想這個，這不是我的當務之急。

你：退休金本來就是要提前做的規劃，現在不做，以後年紀大了，搞不好有體況問題，再做，一定來不及，而且年紀愈大，保費成本就愈高，當然是趁著王老闆還年輕力壯的時候做規劃啊！

王老闆：謝謝你的好意，再說吧！

你：不然，王老闆，現在長期看護險也很夯，政府也很重視這一塊，您要不要聽聽看！

王老闆：你還真是不放棄，以後再說，我現在真的沒心思想這些。

重點

鍥而不捨，雖是身為一位銷售人員該有的態度，然而，卻不應該是讓潛在顧客燃起持續抗拒你的導火線！

鍥而不捨是對的，表達方式却是無效的，做的再多、講得再有道理，照樣是沒支撐的帳篷，白搭！

銷售人員站在銷售的立場發送訊息，目的是成交。而成交，指得是利己（銷售人員、公司），還是利他（顧客）？這世上，站在自己銷售立場的銷售人員多；站在顧客立場的銷售人員則少得可憐，弄得潛在顧客對業務員是能躲就躲，也採取三不政策——不接觸、不談判、不妥協！

銷售人員從推銷的動機所學習、設計與發送的訊息，導致了超過80%~90%的消費者、消費市場及潛在顧客喪失了對銷售人員的信任，而好笑的是，業務人員、主管與公司却不以為意，依然我行我素，金管會遂起而管之，有各項規定來限制金融銷售或壽險銷售人員，保險經紀人的銷售辭令與脫序已久、却不被正視的銷售行為，豈不可悲，縱使局勢大不利於銷售，為了短期利益，除了被動地遵守金管會的規定外，業務團隊及銷售人員還是不自覺地續用銷售的語言去推動整個業務活動與拼湊而來的零星業績；就像你聽到一個醉鬼說「我沒醉」，那，他（她）一定是醉了！

靠腦力

王老闆：對於你談的退休金，我沒興趣。

你：不好意思，我原來跟您談的退休金規劃，就當我什麼也沒講，因為，那根本就不是您現在要的，沒錯吧！

王老闆：是沒錯。

你：說實在話，您還這麼年輕，就創業有成，還有好多人生的夢想與目標要追尋，也不急於這一時半刻，為了 20 年後的事去做規劃，對不對！

王老闆：你說的對。

你：然而，還是要謝謝您，讓我有機會為您提供建議。

王老闆：沒關係，以後還是有機會。

你：對了，您現在每個月的收入，都有撥一部份存銀行吧！

王老闆：那是一定的。

你：哦，您為什麼會存銀行呢？

王老闆：現在景氣不好，投資環境也差，錢賺到當然要存起來，以備不時之需。

你：您的意思是，不想承擔投資的風險，是嗎？

王老闆：是啊！

你：王老闆，您的重點有以下幾個，您看看對不對：第 1. 您提到景氣與投資環境最近不好，代表您想投資創造利潤，然而擔心有風險，沒錯吧！

王老闆：沒錯！

你：第 2；您將錢存銀行定存是為了以備不時之需，而所謂的不時之需，一是指萬一有好的投資標的，你得有子彈；二是指萬一發生什麼人或錢的風險，您得有錢應付，對不對！

王老闆：對！

你：根據這兩項重點，王老闆，您會有兩項選擇，您聽看看，哪一項，才是您要的：

1. 繼續把錢放銀行，而現在定存利率快接近負利率了。
2. 把錢放在年複利 2.25% 的增值規劃，同時還有保障，也沒有投資要承擔的風險。

王老闆，如果是您，您是要選 1. 還是 2. ！

王老闆：當然選 2。

你：為什麼選 2 呢？

王老闆：聽起來比較符合我的利益。

你：那您現在錢放哪兒呢？

王老闆：銀行！

你：那，您現在要怎麼做？

王老闆：就照我剛剛的選擇做；只是，要放多久？

你：時間 X 複利，效益大於原子彈，您自己選擇要6年、或是10年！

王老闆：那就 6 年好了！

關鍵

用顧客的語言說話，不是指重覆對方講過的話；精確的說，要用顧客的語言，靠得完全是「觀察」二字；而觀察力的訓練，恰好是業務員的養成教育、訓練中最缺乏的一塊。反過來講，傳統業務員的訓練，最不缺的，即為推銷話術與如何解說產品，也有許多銷售團隊三天兩頭就搞個推銷話術比賽，公版話術彷彿是他們身為銷售人員惟一展現價值的所在！

你可以發現，不論是從銷售方或顧客面，推銷人員與被推銷的顧客像是一條線的兩端，業務員愈追著顧客跑，顧客就愈往反方向跑！而且業務員追的愈緊，顧客就跑得愈快。

話術——即所謂的推銷辭令，純然是一種「單戀」，不顧對方的感受，只想著自己要講些什麼、傳達些什麼，而卻自以為所說所做的一切，都是為了他（她）好，一廂情願的當個銷售苦行僧！

當你說話速度快或慢過顧客能接受的，你說什麼也沒用；當你要對方下決定購買或簽約，卻不清楚對方是如何做決定的模式，就會抵銷前面你的努力；當你對顧客過去的購買歷史、經驗沒興趣也不想瞭解時，你將失去成交的依據；當你在銷售說明前，沒弄清楚顧客的購買意願與購買能力時，你就是在瞎子摸象；當你不能敏銳與正確地判斷顧客的潛意識訊號或非語言訊息時，你會錯失激勵顧客採取行動的機會；當你將顧客當做推銷的對象，而不是幫助的對象時，遇到防衛或抗拒也只是早晚的事兒！

用顧客的語言說話與用業務員的語言說話其結構與結果有若天壤之別，站在銷售的立場發送訊息跟站在顧客的立場讓他（她）自己影響他（她）自己，你可以選一條「阻力最小之路」，畢竟，什麼對顧客而言，才是使其自己影響自己做決定的依據呢！

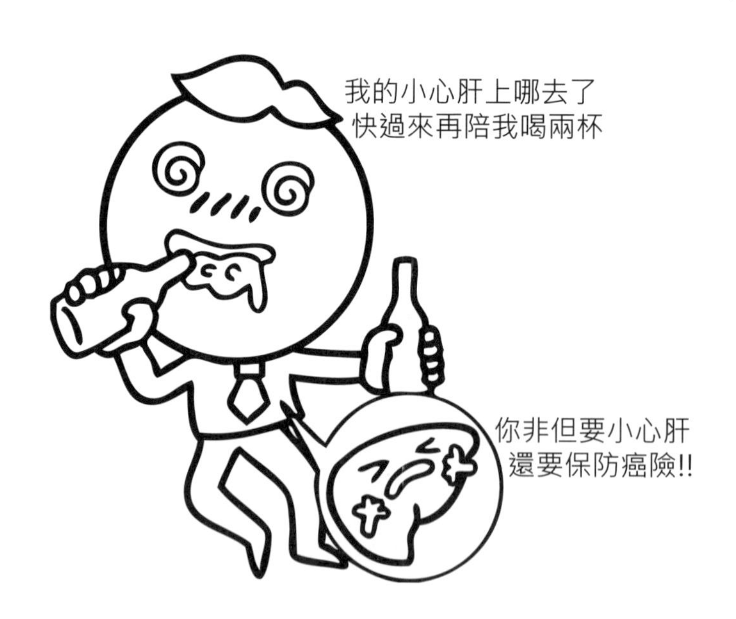

你真是酒國英雄(雌)，豪氣萬千，
防癌險一定要保得像你的酒量與氣度一樣。

29 邏輯的力量

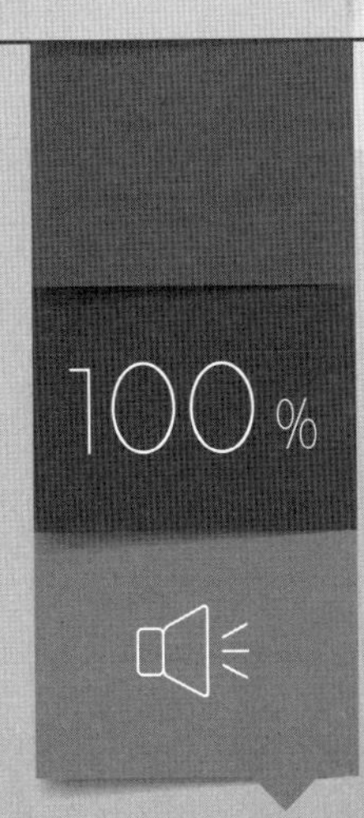

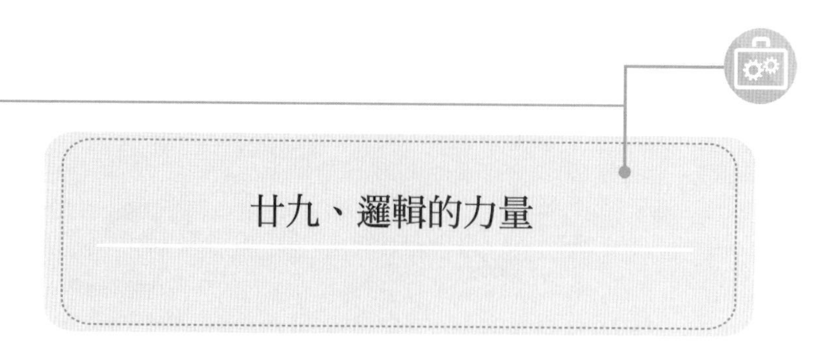

廿九、邏輯的力量

你是否自認為邏輯能力很好？亦或覺得自己沒啥邏輯？

事實上，消費市場常常誤解銷售人員的語意，不然怎麼每家像樣的企業還要另設「客服部」、「客訴專線」、「免付費專線」這些名堂來幫銷售人員收爛攤子呢？！

消費意識抬頭，代表消費者或顧客不但重視自己本身的消費或購買權益，在「購買」或「消費」、「財務規劃」這些行為上，他們的消費或規劃財務邏輯比以前的人更高了一層。

那麼，身為銷售人員的你，你的銷售邏輯是否比顧客高呢？還是，你老想著怎麼介紹商品，快速成交？

有人說，邏輯是一種推理的過程，像偵探小說；也有人說，邏輯是數學上的統計學；其實，不論你怎麼去定義邏輯二字，都沒關係，事實上，當你選擇投入銷售做為事業的開始，就已然是一個具邏輯的選項了。

為什麼？

一般正常人，根本壓根兒不會想去做業務員，要去做壽險業務的則更是「避之唯恐不及」，就像去做傳銷一樣，你會嚇跑一堆身邊週遭的親朋好友，怎麼回事？你也知道，他們都是你的「緣故」市場，而不論你做的銷售是壽險或傳銷，除了商品知識，你一下業務單位的第一件事，就是教你列顧客名單，你總要有推銷的對象，那麼，誰會是你第一批想到要推銷的對象呢？任何一個自認為腦袋「正常」的人，大概都不想走到保險公司某通訊處的門口，理由當然不只一個！

那麼，似乎只有不那麼「正常」的人，才會選擇以保險業務員為業！要不在乎別人或親朋好友批判性的眼光，著實不易，不是每個人都做得到；「什麼，你去做保險？」

就是因為「正常」的人太在乎他人批判性的眼光，所以，他們做不了當業務員這個選項，要自己開發顧客，又要面對顧客的拒絕，而且，還沒有底薪！光這一點，就打死一票人！

「正常」的人不願意跨出舒適區，更怕承擔風險；「不正常」的人願意跨出舒適區，也願意承擔必須承擔的風險；因此，功成名就者，視風險為邁向財富成功的階梯，那是使他們創造傲人財富的必要及必經過程；不瞭解這一點的人，則誤將風險當成險境，連碰都不敢碰，更別講去經歷它；殊不知，為成功所承擔的風險，絕不會大過保持平庸的風險，為什麼？因為，保持平庸，已經是人生最大的風險了！

風險，是上帝為你的成功所鋪設的階梯！

這不是一句激勵人心的金科玉律，而應被視為符合頂尖思惟的商業人士該有的基本邏輯。願意承擔沒有底薪或固定收入的風險，你才能創造無限制的財富？不是嗎！

靠腳力

王老闆：你看，我最近戶頭多了一筆繼承的遺產，扣掉10%的遺產稅後，這筆錢要怎麼運用比較好？我太太的意思是拿去買房投資，或是買股票，你覺得呢？

你：不要吧，這麼多錢，投資的風險太大了，還是存起來比較好，您看要美元保單或投資型保單，我幫您打兩份建議書，再向您說明，您想要分幾年存？還是躉繳一筆？

王老闆：哦！我還沒想到那裡，而且，太太覺得房地產現在價格較低，是進場的好時機。

你：可是您沒看新聞嗎，專家說接下來兩到三年的房市會更慘，再加上奢侈稅，怎麼會是好時機！

王老闆：話是沒錯，不過，也還是要尊重太太的意見。

你：其實也可以多管齊下啊！一部份做投資，一部分存起來。

王老闆：那就不夠啦！我不會動用到自己的錢，我現在講的是繼承的部份。

你：所以還是存起來比較妥當，不然，我跟您約明天，打份建議書給您。

王老闆：嗯！我想你打了也沒用，我太太有她自己的安排。

你：那我跟您的太太一起談談，看可不可以說動她。

王老闆：應該很難，連我都說不動她，要你，更不可能。

你：總是要見面談一下才有機會嘛！

王老闆：她不喜歡保險業務員，應該不會跟你談。

你：為什麼會不喜歡，是有發生過什麼不好的經驗嗎？

王老闆：唉！這就不要在這兒討論了！就這樣吧！

重點

如此這般的對話對你應該不陌生；一聽到潛在顧客問到有關財務分配或規劃時，銷售人員就見獵心喜，直覺地以為是購買訊號，一股腦兒地想要「提供」解決方案——就是一下子跳到商品種類與年期、預算等細節，然而，這些線性反應却往往造成反效果，愈急於銷售，愈成效不彰！

為什麼銷售人員會被訓練成如此這般的反應模式？縱使不是全部，大概也超過 80% 以上；銷售人員混淆了推銷與幫助顧客的角色，他們誤認自己是在幫助顧客，因為顧客有需要；有需求，自然就要提供滿足其需求的產品或解決問題的規劃，聽起來很順耳，做起來卻不是那麼順手！順耳卻不順手，也讓銷售人員常常百思不得其解，明明顧客就是有需要，為什麼提供了建議後，有那麼多不知道是什麼原因的問題，讓顧客難以決定。

靠腦力

王老闆：你看，我最近戶頭多了一筆繼承的遺產，扣掉 10% 的遺產稅後，這筆錢要怎麼運用比較好？我太太的意思是拿去買房投資，或是買股票，你覺得呢？

你：王老闆，您為什麼要讓我看這筆繼承的遺產呢？

王老闆：我想問問你的意見。

你：您夫人不是已經決定了嗎？房市或股市！

王老闆：那是她的意見！

你：為什麼？難道您有其它想法？

王老闆：我覺得現在房市、股市變動性太大，不是很有把握！

你：所以，您也拿不定主意要怎麼處理。

王老闆：是啊！

你：王老闆，我幫您整理幾個重點，然後，您自己再看看要怎麼做比較好。

王老闆：好啊，你說吧！

你：第一，您是這筆遺產的法定繼承人，而不是您的夫人，沒錯吧！

王老闆：沒錯。

你：因此，在法律上，您才是真正可支配這筆遺產的對象，而不是夫人，對不對！

王老闆：對。

你：第二，這筆遺產是您父母辛苦一輩子傳下來的，而您是「繼承」了他們努力的成果，而不是您自己創造的資產，我沒說錯吧！

王老闆：是啊！這麼說沒錯。

你：先不用管夫人或您想要怎麼處理這筆資產，既然這是上一輩努力的成果，那麼，以慎終追遠的角度來看，若是您父母在天有靈，依他們的個性，他們會想要讓您將這筆錢交給夫人去買房嗎？

王老闆：應該不會。

你：或是投入股市，為了追求高獲利，而承擔虧損風險？

王老闆：應該也不會。

你：那麼存銀行，迎接負利率的時代？

王老闆：喔；那更不可能！

你：保本保息、透過複利增值來累積財富、同時還有保障呢？依照老人家的習性來看？

王老闆：……嗯，你這麼一分析，我突然發現，我該怎麼處理這筆錢了！

你：是您「代為」處理這筆錢，因為，這是您父母留下來的，是否依據老人家的意願與習性來處理，您也比較安心，而夫人也不會有其它不這麼做的理由，畢竟您才是繼承人。

王老闆：好，那你有什麼建議？

關鍵

對顧客表達高度的興趣，著實為銷售人員除商品專業知識外，最重要的銷售邏輯訓練之始。畢竟，人是彼此互相影響的，若你對顧客沒興趣，又怎能期望顧客對你所提供的專業理財服務有興趣呢！

然而，興趣也必須擺對位置，對顧客哪些方面應表達興趣，哪些方面又不可著墨，身為銷售人員的你不可不察。

對顧客的行為與行動表達高度興趣，而不只是對其說出來的話作反應，因為，語言溝通占銷售內容 7% 的重要性，其它 93% 則為非語言的影響力，銷售人員常常只對顧客說的話有所回應，然而，說出來的話，只占了 7% 的真實性，那其它的 93% 非語言訊息的判讀卻往往毫無著墨，本章的案例中，潛在顧客請銷售人員「看」他繼承的遺產，並問道「該如何處理這筆錢？」，同時，又表示他太太已對如何運用這筆遺產已有定見，既然已有定見，太太又是決策影響人，哪裡需要再問旁人意見！既然問了，表示他的心裡反應發展為至少兩條路線；一是不確定太太的決定是否正確，縱使是自己的太太；二是已確定要照太太的意見去做，而向銷售人員探詢則只是為了宣示、或為自己的決定尋求更多肯定的聲音，以證明太太或自己的真知灼見！

因此，從潛在顧客給銷售人員「看」其繼承遺產並詢問的動作中，有 50% 的比例不是在尋求你的專業建議與分析，胡亂給建議，自然就讓自已面臨 50% 的風險。

若以另一半的反應來看，顧客已有定見要如何做，此時，你更不該冒然提供建議，既有定見，何有接受建議之意！既無接受建議之意，哪裡會需要你的建議？因此，從頭到尾，銷售人員就根本不用提供任何專業的商品或規劃建議，那不是重點，話雖如此，又有多少業務員會將顧客「好像」在尋求你的專業建議當成重點在處理呢！因此，提供建議，不是此案例應有的選項。

邏輯不通，自然就不會產生理想的結果，而所謂的邏輯，不過是從人們的行為或行動當中來解讀，不是單只從語言的表象來判斷，因為，人們所說的，往往跟他（她）做出來的不同，剛開始人們不會「意識」到這個差距，因為人們已經不自覺地以為他所想所說的，就是他所做的。根據這廿年本人在訓練及擔任銷售教練的實例中發現，壓根兒不是那麼回事！

在你尚未弄清楚並確認顧客的動機或意圖之前，切忌投石忌器，亂提供「專業分析」「專業建議」，不然，系統的結構不對，反作用力就會打到你自己！

慎思明辨！

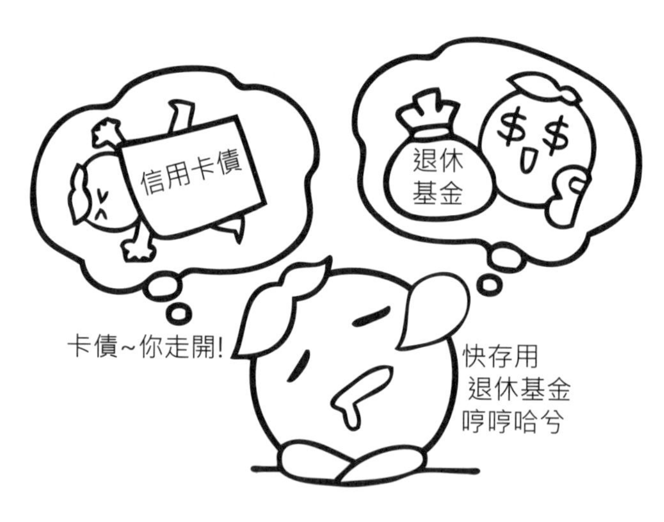

使用信用卡是動用未來的資金，會形成負債、造成風險；
做退休基金的規劃，是未來儲蓄的資金，會形成資產(還不扣稅)，造就富足。

30 當顧客選擇同業、卻不選擇你時

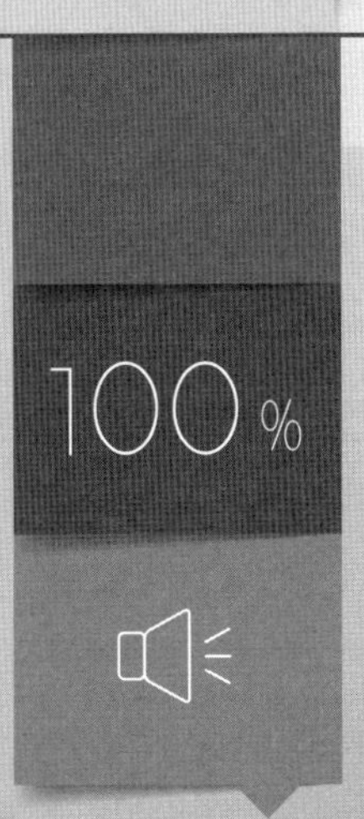

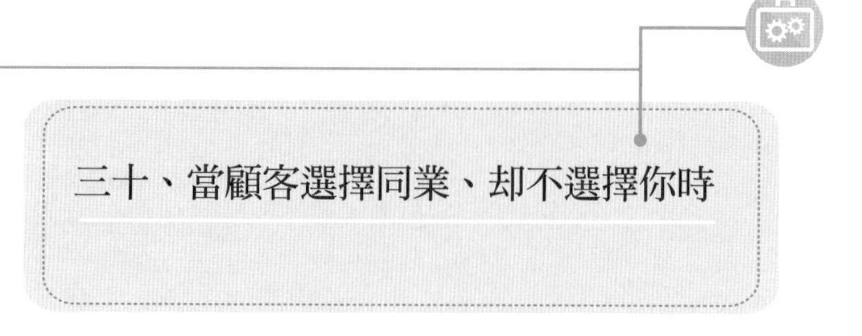

三十、當顧客選擇同業、却不選擇你時

「顧客有選擇跟誰投保或做財務規劃的權利」，話是沒錯，那是指顧客選擇你為他（她）規劃的情境；反過來講，當顧客選擇跟你的同業做規劃，更氣人的是，還是在聽完你的專業分析與建議之後，要再說出「顧客有選擇跟誰投保或做財務規劃的權利」這般豁達的話，恐怕很難。心裡真不是滋味兒！

生氣不如爭氣，爭氣不是指去找同業理論，怎麼「搶」走你的客戶，更不是到顧客面前爭個先來後到，這些直線性的反應對你的銷售不但沒有助益，反而有害！

真的發生這種情況，你是可以講顧客有權選擇跟誰規劃這種安慰自己的鬼話，好平復受傷又惱怒的心情，給自己一個台階下；那，你也要保證以後不會再發生類似情況，不然，你安慰自己一百次也不會有用。重點是，不要講你，銷售狀況瞬息萬變，任誰也無法保證這事兒不會接連發生；明明是你的專業分析與建議，怎麼就給同行撿了個便宜，把 case 給中途攔截，真所謂欲哭無淚、義憤填膺、無以復加！

氣的不是專業知識比人差，表達力比同業爛；而是剛好相反，你的專業知識比人強，分析與建議能力一流，然後顧客拿著「你的建議」，叫同行，幫他（她）做同樣的規劃；專業知識不如人也就認了，可偏偏不是，這讓人情何以堪！

部份銷售人員遇此情形，甚至憤而去質問顧客，為何如此對待他（她）？！「是我哪裡沒做對嗎？」「我哪裡沒說明清楚？」「是我的專業不足嗎？」「不然怎麼可能是您去跟同行做此規劃呢？」「不是我先跟您接觸、提供建議的嗎？！」

雖說要爭氣，那一口氣也要擺對位置，「贏得雄辯，失去訂單」的狀況，似乎亦層出不窮，所以，不要誤解「爭氣」二字！

靠腳力

王老闆：你上次跟我說，那筆錢放在投資型的保單，沒有做投資，提醒我可以轉做基金規劃，我請之前幫我服務很久的業務幫我做了，因為我答應他，幫他做業績。

你：什麼！您讓對方幫您做，王老闆，怎麼會這樣，總要有個先來後到吧！

王老闆：我也知道，他說他缺業績，請我幫忙，我也沒辦法！

你：王老闆，那我也很缺業績啊，您怎麼不幫我的忙！

王老闆：他也服務很久了，我們家的保單百分之八十都是跟他買的，而且他人也不錯，服務也很好，不幫也不好意思！

你：我也很專業，不然，您怎麼會拿我給您的建議讓同行去做一份一模一樣的規劃內容呢！

王老闆：沒辦法，做都已經做了，還能怎麼辦！

你：您是昨天簽的約，有 10 天的契撤期，您可以先請他辦契撤，再讓我幫您做。

王老闆：不好吧！做了就做了，不要這樣麻煩，沒關係，下次還有機會。

你：哦，我知道了。

1. 銷售的重點，不在說明，而在如何讓顧客要：

反過來說，顧客沒有要之前，什麼都不要說；銷售人員一開始說明與分析，說明完畢，再面臨 80% 的顧客說不要的理由，然後，再去解決不要的理由，而愈解決，問題就愈多。

2. 銷售人員太專注在「展現」自己的專業知識，卻忽略了顧客的潛意識訊號（非語言訊息）的判讀：

這就是一般「目標導向」的後遺症——不在乎對方呈現出什麼，只在乎自己的目標要如何達成，是有所謂的「機率空隙」讓目標導向的人達成目標，然而，大數法則不講究「精準」，既不精準，當然就是從大量不精準的行動中「亂石打鳥」，看哪隻笨鳥飛過來「撞到」石頭，就是牠了！「機率空隙」是存在的，然而，想想每期樂透的中獎機率，你就會懂，現代銷售，講究精準，而非今非昔比的「量大人瀟灑」「有人有業績，有樹有鳥棲」這種似是而非、誤導銷售人員的論調！

3. 商品專業知識 100 分，對「人」的專業幾分：

商品專業是銷售人員的基石，銷售人員的本質學能，本身從業即必須具備，然而商品專業知識並不囊括對「人」的專業，因此，一堆銷售人員「戰死沙場」，不是因為商品專業知識的不足，而是缺乏對「人」的專業；因此，對「人」的專業知識具備與否，當然會直接影響到成交的命中率與持續性，甚至連吸引或開發潛在顧客的條件都有影響。因為，你銷售開發的顧客是「人」，主管徵員的對象，也是「人」，領導人內部領導統御的事業夥伴，還是人；所以，銷售人員搞不定的，往往不是商品、價格與徵員計劃，而是，搞不定「人」。換句話說，把「人」搞定，所有 case 就都搞定了！

靠腦力

王老闆：你上次跟我說，那筆錢放在投資型的保單，沒有做投資，提醒我可以轉做基金規劃，我請之前幫我服務很久的業務幫我做了，因為我答應他，幫他做業績。

你：很感謝您接受我的建議，把錢做更有效的處理。然而，我很好奇，您為什麼要接受我的建議呢？

王老闆：因為投資會有風險，擺著又沒利息。

你：我瞭解，我的意思是說，您、為什麼、要接受我的建議呢？

王老闆：因為相信你，你的服務很好，也很專業！

你：哦！那，照我的專業建議幫您規劃的同業，除了他服務您很久之外，有沒有像我一樣，正確的為您診斷與建議如何處理部份您的錢？

還是，你們只是有多年的交情，然而，這一次，却沒發揮什麼專業診斷與建議的功能，您把他變成一個購買平台，而您只是個下單，同時，給他做個人情的人！

王老闆：嗯，就像你講的，他就是一個購買平台。

你：依您的判斷，當您要讓自己的資產倍增時，您身邊圍繞著像您朋友的業務員愈多、對您愈有幫助；還是，像我一樣，能正確的為您診斷與建議的顧問、幫您看準方向比較好，1、還是2？！

王老闆：2！

你：我相信您這麼在乎自己的錢，只要有對能增加資產的規劃建議，依您的現實實況，再加上我的專業診斷與建議，您不會只有原來的規劃計劃而已，沒錯吧！

王老闆：是的！

你：現代人不存錢的很少，您不也是嗎？！

王老闆：是啊。

你：您是否在接受我的專業建議時，也願意把部份資產交給我來幫您規劃呢？！

王老闆：是可以，只是已經答應他了，對他不好意思。

你：我指的不是您已經交給他做的；您在銀行有固定存款吧！我還沒碰過沒有的人。

王老闆：當然有。

你：定存接近負利率，與年複利 2.25% 相比，有沒有差別？

王老闆：有差，差很多。

你：愛因斯坦曾說，時間X複利，效益大於原子彈，您猜，關鍵詞是時間，還是複利？

王老闆：時間。

你：五百萬台幣存銀行10年，跟存年複利帳戶十年，差別，大不大？

王老闆：應該蠻大的。

你：那您現在存哪兒？

王老闆：大部分放銀行。

你：那，您要放哪兒，在接下來的十年？

王老闆：當然放你建議的。

你：那，就讓我們用最簡單方式，做好您要的吧！

王老闆：OK ！

關鍵

1. 不要咒罵你的同行或競爭對手，特別是，把你顧客搶走的同業！
2. 事情發生時，要能平心靜氣地「看」出系統結構，分辨出何為症狀，何為槓桿，朝槓桿前進，而不處理症狀。

3. 槓桿是人，症狀是事或問題，問題或事情皆因人而起，一般人都說解決問題、處理事情，他們講的是，他們去處理症狀，而不處理人，即所謂的槓桿；人們誤以為單純去處理問題或事情本身，問題消失就沒事兒，事實上，卻忽略了「人」的本質未變，遇到類似狀況，則問題或事情則又會反覆出現，蠻可怕的惡性循環！

4. 銷售的重點往往不在於你要跟顧客說些什麼，仔細觀察顧客的語言內容與其遣詞用字、語氣、語調與眼神、面部表情或身體姿勢所不自覺透露出來的訊息，雖然這些辨識「人」的語言及非語言訊號如此必要，却不存在於你的公司或所處業務團隊的訓練中，除非你能發現對「人」的專業是如何影響你銷售的成效，而能將你的商品專業擴充至對人的專業；刻意的去學習，你才能真正體會，突破現有的績效人力三～十倍不是一句口號，而是事實！

你找到銷售突破的「阻力最小之路」了嗎？

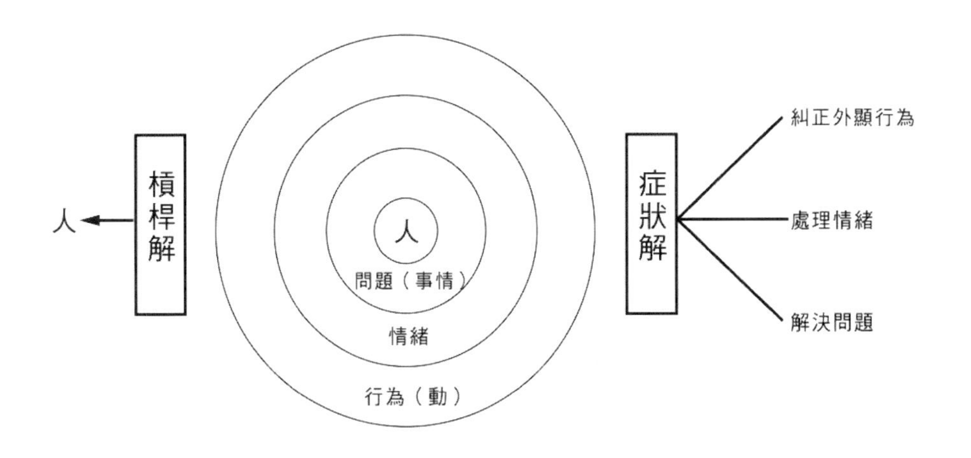

31 顧客說了算，還是你說了算

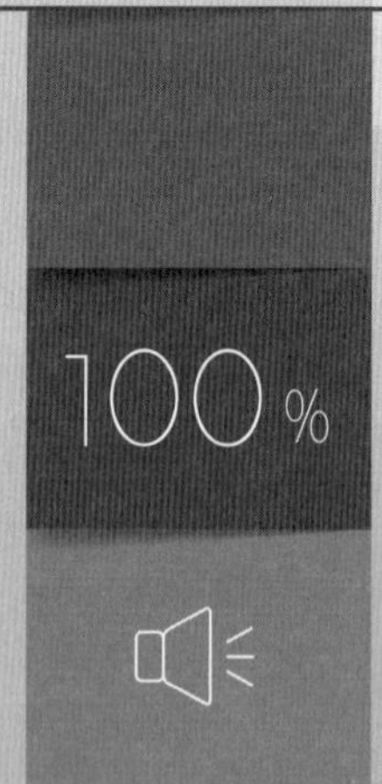

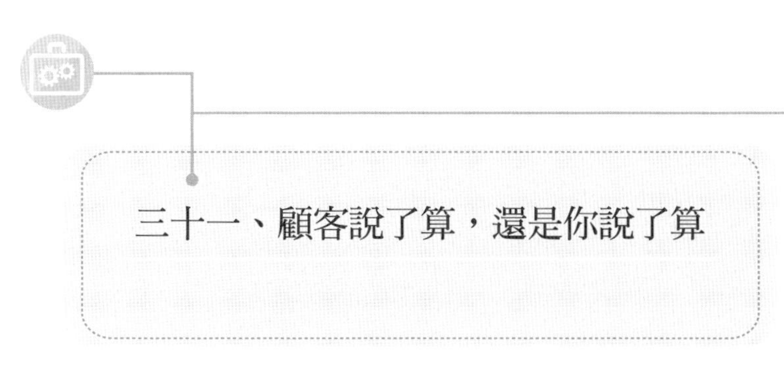

三十一、顧客說了算，還是你說了算

大部分銷售人員，為了達到銷售責任額或目標，對潛在顧客幾乎百依百順，甚至到了卑躬屈膝的地步，就好像我曾說過的一句英語「Treat me like a Dog, and I will treat you like God」待我如犬，我將侍你如上帝！奴性展露無遺，活像個丫鬟和長工。

也有人喜歡與潛在顧客「裝熟」，目的當然是想要盡快打開話匣子，幹嘛呢？好快點進到銷售主題，「裝熟」則為業務員偽裝銷售的必要手段，不過，過度的熱情也往往更易引起人們的防衛，尤其是現代人，詐騙太多，人與人之間的單純信任與對彼此的好奇探詢，似乎都被披上「你想做什麼」的疑慮，不知拿捏輕重，常常更易引起潛在顧客的防衛狀態，而且，愈有錢的顧客，愈不易卸下心防，為什麼？他們怕這類「裝熟」的人對他們有什麼企圖，「想賣我什麼東西嗎？幹嘛跟我扯這些！」

還有一種喜歡「自抬身價」的銷售人員，至少除了本業外，他們還會在自我介紹時，拿出某某社團的某理監事長頭銜的名片，而絕不將其「本業」的名片輕易示人。這動作夠明顯了吧！這類銷售人員通常都已有較資深的銷售年資，覺得跟社會較「上層」的人打交道，自然能結識較高資產的潛在顧客，所以，他們就像「潛伏」在這些社團的銷售人員，藉由參與社團的慈善或公益活動，亦或組織內的活動的投入與付出，換取一枚「理監事」「總幹事」「會長」「副會長」的頭銜，以與高資產的社員有平起平坐的機會，當然，這還是一種積極開發潛在顧客的表現！

身為銷售人員，一方面希望顧客尊重專業；一切聽你的專業分析與建議，你也朝學習並打造自己是自我領域的專家前進；而顧客，則認為銷售人員應該「完全」聽他們的，畢竟，花錢或投資的人是顧客自己；我常聽到廣告業的人抱怨與發出無奈，說業主（顧客）既花錢請他們做廣告，過程與結果又改來改去，改到最後，原本的創意就被扭曲變形了，甚至有更「可惡」的業主，將A家的廣告創意與企劃交給B家執行，只付了A家比稿費，無奈！

壽險金融業更是亂象百出，如上一章「當顧客選擇同業，卻不選擇你時」的案例一般。

所以，銷售人員要顧客聽「專業的」，顧客要「專業的」聽他們的，那，到底誰要聽誰的？

靠腳力

你：王老闆，之前幫您檢視公司的勞務契約時，您說要順便以兩位兒子為被保險人，每張保單規劃220萬，也簽好約了，現在怎麼又反悔了呢？

王老闆：我後來仔細算過現金流，發現只能先規劃一張，另一張要等到收到貨款才能再做，你也知道，我們是做小生意的，廠商業主收到貨，開3個月的票，已經是算正常，還有開半年票的，我們又不能催，都是老客戶，大家互相，也都有一定的默契。

你：所以只能先做一張囉！

王老闆：不然呢！也只能這樣。

你：可是我們昨天已經簽約了。

王老闆：就只能跟你說抱歉，另一張要等收到貨款才能再做，但是，什麼時候收到我也不能確定。

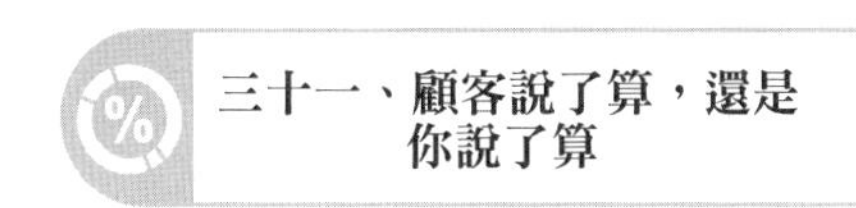

你：這樣不就耽誤到了嗎？

王老闆：是啊；我也很想趕快收到貨款，沒辦法，只能等。

你：好吧，那也只能這樣了，等收到貨款時，您再通知我，我們再做另一份。

王老闆：我會找你，你放心。

你：要記得哦！

只要你還在市場上運作，面對各式各樣、形形色色、性格與環境迥異的潛在顧客或顧客，自然會遭遇各種琳瑯滿目、大異其趣的現實困境，阻撓你或顧客原先的計畫，說好的顧客又反悔了、簽了約臨收錢時，又出現了不可預期的人、事、物，干擾了進行中的交易；有時，真應了句俗話：計畫趕不上變化，而變化，往往趕不上顧客的一句話！

這些形形色色的不可控因素，在系統思考當中有個專業名詞，叫「動態性複雜」。要瞭解它，就得從相對性的「可控因子」談起，這是兩項影響銷售結果甚鉅的關鍵力量，清楚辨識這兩項因子，你才能確保努力行動的結果，並能降低失敗的風險！

影響銷售成效的二項關鍵

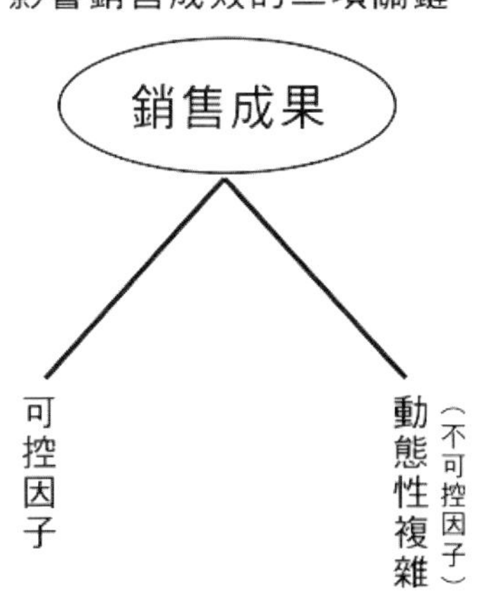

甚麼是可控因子？在銷售的整體結構裡，傳統的銷售訓練並未明確地區分這兩項因素，導致有不少銷售人員「瞎子摸象」似地從事銷售，從銷售人員層出不窮的問題即可見端倪；這也造成業務主管「針對問題」去「解決問題」，完全百分之百的朝短暫利益，卻造成長期傷害的症狀解前進，或者是抱持著「等問題發生再說」的被動心態。

因此，清楚分辨甚麼是銷售時的可控因子，甚麼又是不可控的，你才能大幅提昇每件 case 的成交命中率。

在威力行銷研習會，學員的初階訓練一分為二：其一，是**銷售流程的精準化**；其二，是**銷售策略的變化**。

依照系統思考（又稱系統動力學）的架構來看，銷售流程的精準化指得就是：找出所有影響銷售成果的可控因子、排定優先順序、找出行動與行動之間的因果關係，更重要的是，既然謂之可控因子，那就必須設計出能將每個行動串連的視覺化工具，而此工具能確保銷售人員、主管於執行銷售任務時，「精準」的完成交易；這裡所指的精準化不是標準化，精準不是標準，銷售面對的是形形色色的潛在顧客，顧客是人，只要是人，就會有差異，既有差異，何有標準可言！

因此，精準銷售流程就包含了三項有因果關係的可控因子：

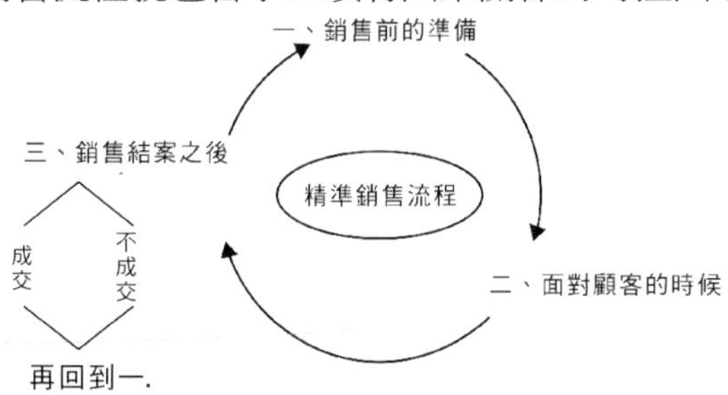

以 20% ～ 80% 定律來區分，你總是會成交你開發顧客的 20%，主管的徵員成效也跑不出這 2—8 定律；因此，銷售前的準備，大約占你 20% 的時間，面對顧客的時候，你要花 80% 的時間去建立關係、分析與說服顧客購買，這是你現有的績效、收入與命中率的結構。

讓我們將比例顛倒，看看你會有何發現：銷售前的準備，成交精準度先達到 80%，好讓你在面對顧客那一塊，用不到 20% 的時間就成交，要是你，你要選擇哪一個？當你選擇顛倒後的精準化成果，那表示，你得重新調整整個銷售流程。

靠腦力

你：王老闆，之前幫您檢視公司的勞務契約時，您說要順便以兩位兒子為被保險人，每張保單規劃 220 萬，也簽好約了，現在怎麼又反悔了呢？

王老闆：我後來仔細算過現金流，發現只能先規劃一張，另一張要等到收到貨款才能再做，你也知道，我們是做小生意的，廠商業主收到貨，開 3 個月的票，已經是算正常，還有開半年票的，我們又不能催，都是老客戶，大家互相，也都有一定的默契。

你：王老闆，我很少見到像您這麼疼愛孩子的爸爸。您之前說要幫兩位公子做規劃，各做年繳 220 萬，剛好在免贈與稅的範圍內，沒錯吧

王老闆：是啊！

你：後來說要等另一筆貨款收到才能做，對不對？！

王老闆：對！

你：您當初為什麼要幫兩位公子做這份規劃呢？

王老闆：第一個是免贈與稅，第二個是可先當我們的退休金，然後等我們哪天走了可留給小孩，你講得很清楚。

你：既然如此，若那家廠商遲遲不付款，難道王老闆你們就不退休了嗎！

王老闆：還是要退休啊！年紀大了，要做也沒辦法。

你：他準不準時付款，您的意思是，年紀大了，還是要面臨到退休跟資產傳承的現實實況，是嗎！

王老闆：沒錯！

哦，既然如此，您會讓這廠商的貨款影響您的退休與資產傳承的大計嗎？

王老闆：嗯，應該不會。

你：王老闆，您現在終於知道該怎麼做，對您的退休與資產傳承規劃，才是最有幫助的了吧！

王老闆：好吧！那就維持原計劃，兩張一起做規劃。

關鍵

銷售流程當中，最不易掌控的，是「人」，也就是面對顧客的時候；因此，初階訓練裡，把銷售時「面對顧客」這一塊列為銷售策略，而策略則因人而異，這是系統結構中所謂的「動態性複雜」最明顯的一塊，卻也是銷售人員最沒注意到的。因此，銷售流程先講求精準化（可控因子），銷售策略再求變化（動態性複雜），就成為新一代銷售人員與領導人必須學習建立的系統，而不再只是傳統的「推銷話術滿天飛，人情壓力躲不掉，保單多到繳不完，無奈還要再一回」

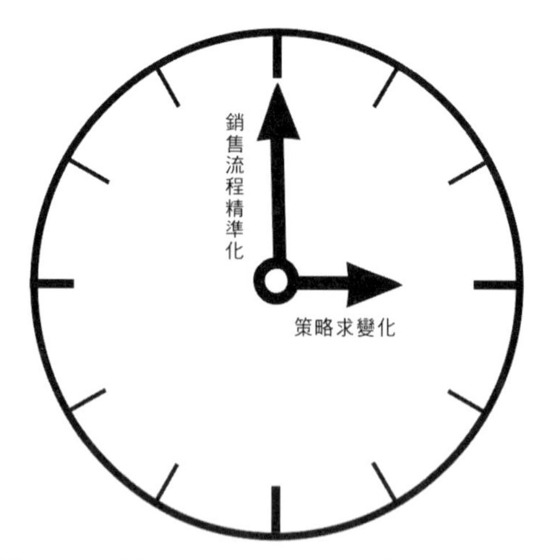

動態性複雜是不可控因子的代名詞，「動態」是指非線性或固定的要素，也沒有標準的問題，更不會有標準的答案。人的情緒起伏與連動的心理狀態即屬於此；你可以走同一條路回家，而你卻無法預期同一

條路上何時有車禍，導致你延遲回家的路。這一條回家的道路是已知，而路上的狀況則是未知；路況如此，更別談善變的人心了！

話雖如此，這世上仍有許多人類行為學家、社會行為學家、未來趨勢研究者、腦神經專家與醫生，還有心理學家、催眠治療師……等等由不同專業科別去鑽研並建立學說與模型，試圖解開人類這奇妙生物的思考、反應、疾病、情緒、心理、行為、語言等的神秘面紗，基因工程更是似乎接近了那一步，然而，對於人的意識與行為，卻仍然是莫衷一是，各自表述！

這也是策略會千變萬化的原因之一，策略不是推銷話術，也不是背個腳本就可「解決」所有「問題」，而你針對一百個問題，去準備一百個答案，以應付面對顧客時的各種狀況，則更是可笑至極。雖說策略因「人」而異，為一不可控因子，然而，就現有的人類行為與語言、情緒之間的觀察，倒是有可供整合與運用的突破性發展，掌握到這些發展，自然會降低不可控性，相對的，也就提昇了可控性。而在銷售時，你對顧客的掌握性愈高，成交比例就愈高，因此，你的成交比例與你對顧客的掌控性成正比！

所以，到底是顧客說了算，還是，你說了算！

天哪！妳真是豔光四射，特別是妳將保單當衣服，上面還有儲蓄險、防癌險當裝飾的時候。

32 為什麼顧客的動機，是解救銷售障礙的良方

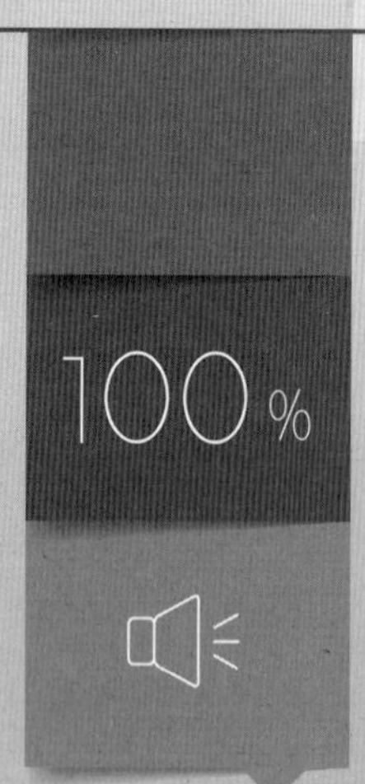

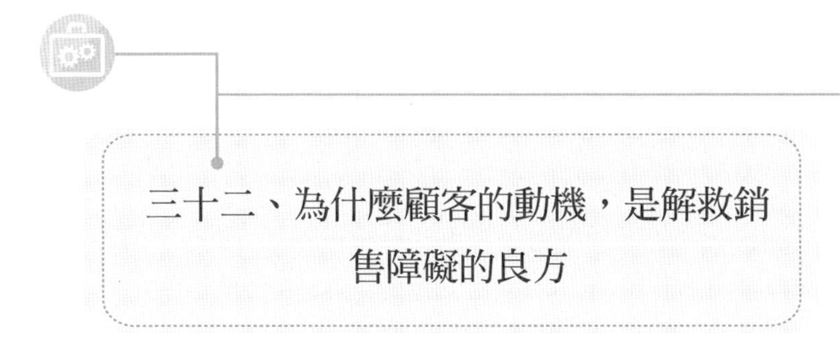

三十二、為什麼顧客的動機，是解救銷售障礙的良方

先不談銷售人員在銷售時會遭遇到的障礙，咱們先看看從顧客面而言，他們面對銷售人員、銷售情境時，會有哪些行動、決策或、購買障礙：

一般而言，顧客的購買障礙來自於以下二項：

1. 虛擬障礙：障礙來自於想像、擔心、他人口耳相傳、部份媒體偏頗報導、未經查證的小道消息、身邊週遭的人的負面想像與干擾。
2. 現實障礙：障礙來自於現實實況、自己或親朋好友曾發生過的經驗、家人不支持、購買力不足、突發狀況影響購買意願或購買能力（可動用的資金）……不一而足！

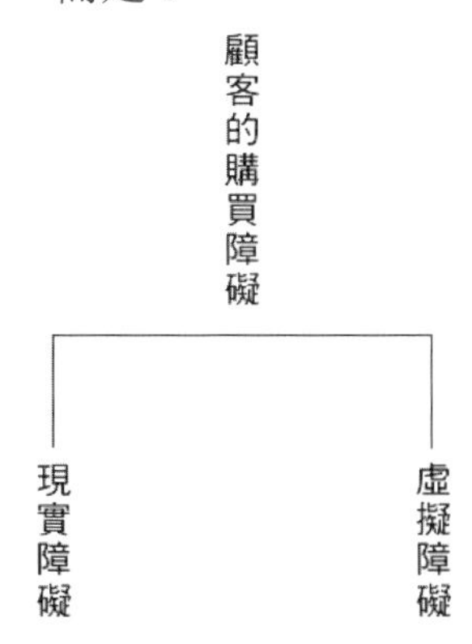

傳統的推銷術並不將顧客的購買障礙做明確的區分，取而代之的，是一律「一視同仁」地去嘗試解決障礙或說服顧客，當然有些障礙是真

實存在，有些則是虛擬實況，人們假設或擔心這些問題是會影響他們的購買決策。不過，要提升成交命中率與顧客對銷售顧問的專業信任感，除了傳統的一股腦兒地想去解決每項購買障礙，不如先分清辨識「障礙」本身的屬性，到底這障礙是真值得去面對、亦或根本不值一提。

一般而言，銷售顧問得先學習克制「解決障礙」的衝動與直覺反應，通常是業務員脫口而出，「太快反應到來不及反應」，這容易製造出一種與顧客對立的情境；因此，克制解決問題的衝動與線性反應是第一步；再者，銷售人員應學會對顧客做「生態檢查」，看看購買障礙是真實存在還是只是擔心的假象；分辨問題真偽並非是讓你去解決問題，而是在生態檢查的過程中，人們（顧客）會自動地被啟發，他（她）的意識會自動運作，這是啟動顧客大腦理智的板機，因為「分辨」這二字，本質上就是明辨是非與真假，那是人們「表意識」主掌的功能，只要是腦袋正常的人都會有的機制，銷售人員的專長，現在或未來，很可能不只是要扮演一個推銷產品或服務者，而是要升級到一個「啟發者」的角色，為什麼？原因顯而易見，傳統推銷的命中率不超過 20% 的柏拉圖法則與事實、以及銷售歷史呈現在你我眼前，只是大部份的銷售領導人、銷售人員寧願選擇不去正視，他們活在自己吹的泡泡中，深怕一有人戳破，外面的空氣會令他們窒息，眼不見為淨。

銷售本質上的更迭，來自於過往超過半世紀，消費者或顧客們在面對銷售人員時，被推銷、或是被說服購買的一致性手法，促使人們開始對這些個推銷手法「免疫」，網路經濟則更加劇了這中間的變化速度，你願意或不願意面對這變化，變化本身並不會為你停下或放慢腳步，相反的，隨著消費群與顧客們的「主控性」增加，你最好也能學習跑在他們前面，而非在其身影後亂追，最後，你才發現，你追得是自己不知變通的影子，那真是人生一大慘事！

靠腳力

王老闆：其實你不用介紹什麼資產保全的規劃，我都很清楚！節稅問題都由一位國稅局退休人員幫我處理好，節稅這部份不用保險也可以做。

你：哦！那他一定很專業。

王老闆：是啊！他待過國稅局做到退休，怎麼會不清楚，當然專業嘛！

你：說的也是，王老闆，您是否也能給我一個機會來為您提供理財或保險的服務？我也有很多像您一樣的大老闆客戶，而他們雖然都有會計師或財務長，但是還是會跟我買保險。

王老闆：我看是不需要，已經有這位國稅局退休的專家幫我就夠了，還是謝謝你；目前我不需要你的服務。

你：其實，我也擁有「理財規劃師」的證照，也算是顧客理財的專家，您何妨給我個機會，試試看，應該我的專業知識也不比人差。

王老闆：我相信你的專業，只是我目前用不到，抱歉！等有需要再說吧！

你：王老闆，風險是既不挑人、也不挑時間的，預先做好風險轉移，不是很好嗎？！

王老闆：我都做好了，還是謝謝你，就這樣吧！

重點

這顧客有購買障礙嗎？如果有，你是否能分辨是現實或是虛擬？是真實存在、亦或不值一提？還有，你現在能否體會，「態度積極」地想要說服顧客或打人情牌，並不是一個好主意！無論是嘗試著要解決問題、說服顧客，系統的作用力絕不會只是表現在單一的層面上，你還得看看「態度積極」所引發的反作用力是什麼？以及，這作用力是不是皆大歡喜的銷售結果。

銷售人員常無法克制「解決問題」的衝動，這股衝動乃源自於一股自我保護、防禦的本質——每當你覺得或發覺即將被攻擊，不論攻擊是語言上的、或肢體上的，你的防衛機制就立刻被啟動，採取反制，你是人，而顧客也是人，你採取反制，自然對顧客而言，那就是一種攻擊，既是攻擊，你猜，顧客會如何？

閃躲與反反制！可笑的是，傳統推銷術將此一來一往的過程給業務員冠上一個「態度積極」、「不放棄」、「堅持」的美譽，什麼意思呢？他們鼓勵這種攻擊⟷防禦的結構，其反作用力呈現在顧客或消費者下意識地閃躲銷售人員的接觸，問話、問卷、DM、甚至贈品、人情等推銷手法，換句話說，他們被這些推銷手法給「惹毛了」；倒楣的是被蒙在鼓裏的銷售人員，生意愈來愈難做！

那，有沒有人生意愈來愈好做的呢？

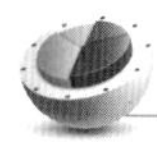

靠腦力

王老闆：其實你不用介紹什麼資產保全的規劃，我都很清楚！節稅問題都由一位國稅局退休人員幫我處理好，節稅這部份不用保險也可以做。

你：他不收取您的佣金喔？

王老闆：為什麼這麼問？

你：當他收取佣金，代表他跟我是同業，有利益衝突，自然不會讓您接受我的建議。

王老闆：嗯！

你：當他未收取佣金，代表他不用對給您的建議負責，既然不用負責，他站在曾是國稅局公務員的職務，不會支持您用保險做任何避稅的規劃；如果支持，就有違他曾身為國稅局公務員的身分與專業。

因此，您要問您自己兩件事：

王老闆：哪二件事？

你：1. 有沒有任何一個國稅局的公務員參與制定任何一家保險公司的保險法規？

王老闆：嗯……我想應該沒有。

你：2. 有沒有任何一位像您一樣的老闆，這麼會賺錢，卻只有一個水龍頭蓄水，而會錯失有第二個能幫您蓄水的水龍頭的！

王老闆：怎麼可能會讓這種事情發生！

你：因此，不論他有無領取佣金，您既然接受他能幫您蓄水，又怎麼會反對多一個水龍頭幫您蓄水，您說，是嗎！

王老闆：是啊！

你：我，就是您第二個水龍頭，您現在能將水桶蓋打開了嗎？

王老闆：已經開了，你說吧！

關鍵

身為銷售人員，你帶顧客走的每一條路，都必須是超出他（她）原有習慣或期待的道路，而非是對方已知、熟悉的路徑；**「出發點」相對於「終點」；出發點，指顧客原有行為的動機為何；終點，指顧客當初採取這項行動的目的地是哪裡**；弄清楚出發點與終點，你才握有創造奇蹟、起死回生的兩把鑰匙。跟著顧客的問題亂跑，叫「瞎攪和」，幹嘛在糞坑裡興風作浪呢？

當代催眠治療師 Milton H. Erickson 曾將人的意識分成三項構成

要素：

一、語言　　　二、情緒　　　三、行為

根據筆者的研究與系統思考（系統動力學）——彼得・聖吉：第五項修練（台灣天下文化出版）的對照，發現其中一項最主要的判讀因子，即人的行為。人的外顯行為是透露出表意識與潛意識最佳觀察、介入治療的施力點，然而，行為只是「當下」人們對環境與自我意識下的反應，形諸於外的行動，是一時的，不完全足以做為判讀與行為治療的施力點。透過系統結構，將「時間軸」拉長來看，則「行為」這項因子則將透露出此人的行為動機，而每個「行為動機」皆有一個「出發點」，也就是「為什麼」的源頭。回溯並掌握了這個源頭，你也才握有槓桿解的第一把鑰匙，有時，連當事人都會很驚訝，其構成外顯行為的原始動機是如此這般，自己也很少會意識到行為的成因，不單是行為的本身與環境互動的結果，系統思考讓我們追溯到行為或行動的成因通常是行之於內，而不只是彰顯於外！

是啊！既然一直以來，顧客都接受國稅局退休人員給他「節稅」規劃的建議，他的外顯行為不就是「接受」有利於他的資產保全規劃嗎！既然一直以來都接受有利於資產保全的規劃建議，又有啥理由去反對其它的理財建議？不論這建議是增加或是保全資產；他的「動機」→「已透過行為呈現，而你是否能敏銳地觀察出，人們的行為與所回溯的動機之間其因果關係，以做為啟發顧客的資源。」

（一）「動機」——保全資產
「行為」——接受國稅局退休人員建議
（二）「動機」——增加或保全資產
「行為」——不反對增加或保全資產的行為，既然不反對，不就是贊成！
（三）若反對(二)，怎麼會有(一)？

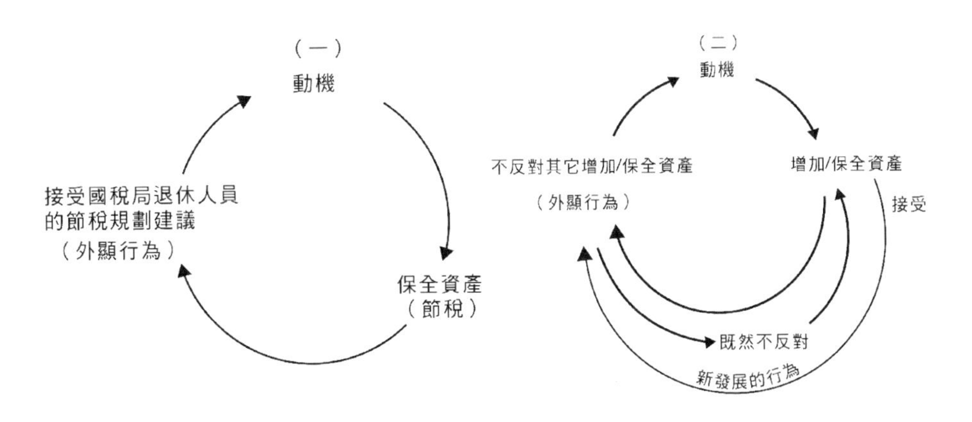

你有沒有發現，顧客的行為起始於動機，動機影響了外顯行為，光去糾正人們的外顯行為、或對外顯行為作出反應，不但徒勞無功、緣木求魚，浪費時間與機會成本，更有甚之，還會引發顧客「自我防衛」機制，得不償失，你的主管、你的公司教育訓練腳本、你自己的線性反應，以及傳統的推銷術，都把你帶到這樣的漩渦裡，為什麼你要待在那樣的漩渦裡呢？「大家都是這樣學、這樣教、這樣做的」！他們是對的，「大家」都這麼學、這麼做、這是主流，然而，你一定要注意，這裡的「大家」，不包含你的顧客，當然，更不包含系統化的結構，當「主流」都去處理外顯行為時，系統結構的力量會將你和顧客帶到一個不利於銷售的情境，你或許會發現，真正的「槓桿」，在於四兩撥千金的借力使力——亦即人們的動機！

所以，誰說，顧客的動機，不是解救銷售障礙的良方呢！

你腦袋的蓋子，不知打開了沒有！

33

為什麼綜觀全局的整合力，會是你突破的關鍵？

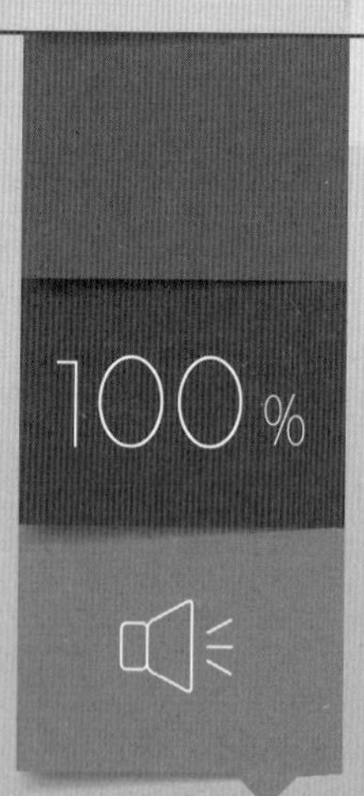

三十三、為什麼綜觀全局的整合力，會是你突破的關鍵？

構成銷售，基本上有三項要素：

1. 產品（Product）
2. 行銷或銷售計劃（Plan）
3. 人（People）

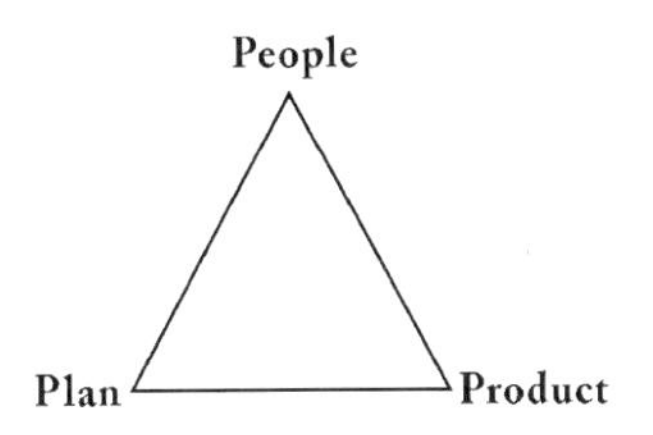

這三個 P 是組成銷售的必要架構，哪一項是最重要的呢？

如果你說「產品」是最重要的，那麼，接下來你要問的是，產品為誰而設計？誰會擁有或使用這項產品？以及，誰負責銷售這項產品，才能讓顧客享受產品為其帶來的好處？

如果你說，「銷售計劃」最重要，那麼接下來你要問的是：銷售計劃是為誰設計規劃的？誰去負責設計或執行這項計劃？誰將在此計劃中獲益？

你會發現，這裡的「誰」，指得都是「人」，包含了顧客、銷售人員、製造或研發商品者、執行銷售計劃的人，因此，沒有「人」這項要素，另二項要素將毫無存在的必要。

既然「人」這項要素如此舉足輕重，為什麼還是有所謂的行銷專家、公關與企業經營者會說：商品決定一切！也有行銷專家說：通路決定一切；通路，是銷售計劃的一部份；少有這些個專家會說：人——

顧客、銷售人員、產品設計者決定一切。

事實上，既然「構成」銷售，有這三項必要架構，何妨，我們不用去探討孰輕孰重，因為，這三項當中，只要缺了任何一項，自然就無法構成銷售，學習從整體性來看，而不從切割零散的單一元素為出發點。祇不過，銷售計劃大多清一色皆由公司決策者制定，銷售人員是執行銷售計劃的人，改不了這不動如山的計劃，而這計劃（晉升、佣金比例、獎勵措施……）也吸引銷售人員加入執行的行列，因此，不在本書討論之列。

產品或服務也一樣，不是銷售人員去研發、設計，而是由產品研發、設計者所努力的成果，銷售人員喜歡、也被此產品吸引，熱愛自家商品，並進而加入銷售推廣的行列，故產品本身，亦不在

本書可探討範圍之列。

那麼，之於銷售，我們要探討與研究的課題，就是「人」了！這也是自 1997 年創辦威力行銷研習會以來，筆者迄今都未鬆懈的研究科目，要將對「人」的專業知識系統結構化，說老實話，還真是一項大工程，更遑論要將研究的發現運用在訓練商業人士如何更有效的銷售實務上，同時要確保執行績效的突破、銷售周期的縮短。

靠腳力

王老闆：之前你幫我做的實支實付的醫療險已經核保了，至於你現在談的美元保單、六年期、年繳一百萬，我覺得還不錯；不過，你也知道，我不太管這些，所有的投資、保險，都是我太太在處理，要經過她認同，你清楚吧！

你：王老闆，我知道您的規劃都是由您夫人出面處理，趁著今天送

保單來，那我就跟夫人說明一下。

王夫人：很謝謝你，我之前已經有幫先生投資或是放在銀行的錢，哪天如果要用錢或需要周轉，就很方便也很夠用，所以，目前是不需要。

你：其實，多開一個美元帳戶也不錯，就資產配置的角度來看，也沒什麼不好，而且，對您跟王董來說，也不會有太大的負擔。

王夫人：是不會有什麼負擔，不過，之前做的已經足夠，我已經把未來跟風險都做好了安排，實支實付醫療險不也跟你投保了嗎；實在沒什麼必要再多做。

你：不然少做一點，一年六十萬怎麼樣？

王夫人：這不是一百萬或六十萬的問題，是沒有必要！

你：可是王董不是也覺得這張不錯。

王夫人：他不是很清楚這些，通常都是我在幫他決定，他負責簽名就好。

你：現在的時機做美元保單真的很划算，夫人要不要再考慮一下。

王夫人：謝謝你，還是不用了。

如意算盤人人會打！利用送保單的時機「順便」再打一份 6 年期美元保單，年繳一百萬，顯示銷售人員積極的態度，表現在把握機會順勢推銷，而他也表現出業務員對自家商品的信心，顧客的購買力亦無庸置疑，做購買決定的人與決策影響人都在現場；看來，似乎是一促即成的 case，那，為什麼結果卻大相逕庭？

增加對此顧客的拜訪量，會不會他們就回心轉意？

送點禮物或請他們吃頓飯如何？

如果實在想不出辦法，就使出殺手鐧說這次晉升主管，就差一件，拜託顧客給個機會，幫幫忙！

實在還不行，就退佣金吧。

這不叫如意算盤，這叫「自毀前程」！

「目標導向」這個成功學的名詞，已成為潛能激發或心靈成長訓練的濫觴，一味強調個人的目標要完成多少業績或收入目標，業務主管在追求業務員人力成長的目標——一年內要達到多少人力、又要培養分出多少子團隊，其實都無可厚非；那麼，問題到底出在什麼地方？難道，除了業務主管、銷售人員個人的目標外，顧客或被徵員者的目標就不重要了嗎？！

目標導向

目標一分為二，而非朝兩邊的極端，若銷售時只顧銷售人員的業績目標是否達成，則容易形成「賣——買」的壓力循環；即賣方有業績壓力，而急於促成交易，導致買方形成並感受被強迫或被說服的壓力感！

若只朝顧客的目標運行，則易形成買方任意殺價、要求銷售人員提供贈品、退佣金等不利於銷售人員交易時的利益耗損，站在買方的立場，價格上的優惠往往是很難抗拒的誘惑。銷售人員也許為了達成「業績目標」與「責任額」，答應了這筆交易，則失去的，不單是該有的利潤，更會造成顧客端對於銷售人員的專業形象大打折扣，或者說：根本毫無專業可言！可怕的不只於此，當這樣允取允求的顧客「口耳相傳」，你就真的毀了！

所以，才會有「完成交易的是徒弟，保有利潤的才是師父」這般描述！

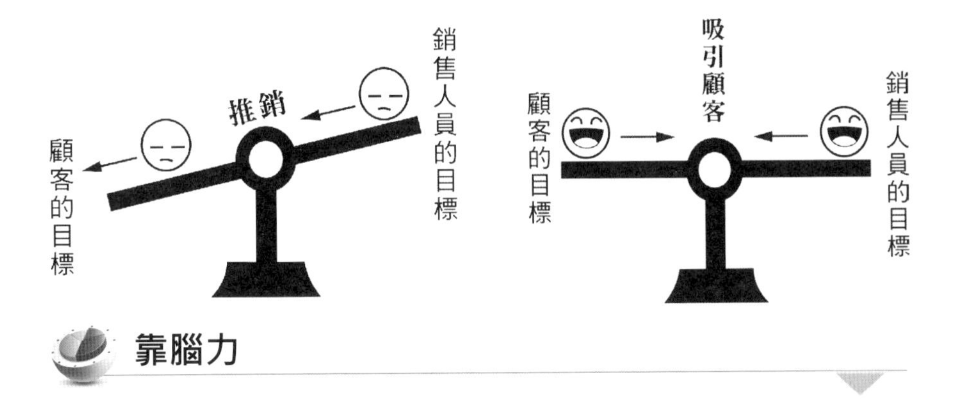

靠腦力

王老闆：之前你幫我做的實支實付的醫療險已經核保了，至於你現在談的美元保單、六年期、年繳一百萬，我覺得還不錯；不過，你也知道，我不太管這些，所有的投資、保險，都是我太太在處理，要經過她認同，你清楚吧！

你：王老闆，我知道您的規劃都是由您夫人出面處理，趁著今天送保單來，那我就跟夫人說明一下。

王夫人：很謝謝你，我之前已經有幫先生投資或是放在銀行的錢，哪天如果要用錢或需要周轉，就很方便也很夠用，所以，目前是不需要。

你：王夫人，我瞭解您的意思，您的意思是說，原來就已經幫王董做好理財與保險的規劃，以後的錢也都準備好，不用再多花錢買什麼了，是嗎？

王夫人：是啊！

你：很好，一方面王董事業這麼成功，一方面又有您幫他把關，做好各項風險控管，真不簡單！哦，對了，我想請教一下夫人，這次的醫療保障的規劃，是不是為了轉移風險而做？

王夫人：是啊。

你：轉移風險，不就是為了萬一風險發生時，由保險公司承擔，不造成你們財務上的負擔，沒錯吧！

王夫人：沒錯。

你：而您之前提到的投資或銀行的理財規劃，是不是也是為了達到兩個目標而做：一是累積或創造額外的收入，二是轉移錢的風險，對不對？！

王夫人：對！

你：既然如此，我所提供給您及王董的規劃，您看了之後，是否也是為了達到這二個目標而做？

王夫人：應該是。

你：那，這六年期的美元保單，最後的結果，是 1. 讓您花錢、還是 2. 為了省錢、同時還能擁有複利增值的效果而做的？

王夫人：當然是 2！

你：如果您贊成 1. 透過保險來轉移人身與錢的風險；2. 透過短年期複利增值的美元保單規劃來累積額外的收入，那，不是符合您既省錢、（因為您不想多花錢）、又可能多創造額外收入的期望值；這，不就是您一直以來都在做的嗎！

王夫人：也對，是沒錯！

你：既然如此，夫人，依您敏銳的眼光，您覺得，什麼時候、開始累積複利增值的效果比較好？是愈早愈好、還是、愈晚愈好？

王夫人：當然早點比較好！

你：那，我們何不現在就完成您要的規劃、啟動您要的理財功能呢！

王夫人：好吧！要簽些什麼！

關鍵

整合力，是現代任何一位頂尖或偉大的業務人員必須學習具備的能力。傳統的告知、說明與說服（構成傳統推銷話術的三要素），早已不適用於現代網路資訊如此發達的今天。顧客或消費者現在不是「缺乏」購買或財務規劃的依據，現在，是選擇太多，如何過濾、篩選的問題。現在的顧客被推銷的頻率與次數比起十五年前高了好幾倍，他們都被業務員給「訓練」的知道怎麼去「防堵」「閃躲」銷售人員推銷的辭令與手法，再加上市場同業競爭者只會多不會少，除了靠人脈緣故去推銷或增員，你還剩什麼？記住，專業證照，只是取得銷售資格的入場卷，跟你如何持續突破績效、收入與人力只有間接關係，沒有直接關係！

如何學習培養整合力？

如圖所示：整合力的培養，來自於二項能力的整合，一是「綜觀全局」，二是「看清本質」！

為什麼這二項能力如此重要？具備這兩項能力的商業人士或銷售人員少之又少；大部份原因，是公司或業務主管想要業務員每天都有業績，考過證照入行後，公司內部的基本訓練要銷售人員「聽話照做」，這意思，就是不用動「腦袋」去「思考」怎麼做好銷售，只要去「執行」

推銷的動作，執行多了、自然會累積經驗，實戰經驗最重要，所以，「盲動」的業務員多如過江之鯽，只強調「行動力」的後果，就會形成業務員大量流失，在入行的一到二年內。

因此，整合力是學習「有效行動」的開始；而「有效的行動，比只是行動，要重要一百倍」！

綜觀全局，自然是不被繁雜的細節羈絆，陷入因銷售流程不精準、策略不奏效、與隨之引起顧客不同抗拒理由的迷霧中，不僅失去了方向，還易產生更多不確定性！

要不被繁瑣枝微末節給帶偏離有利於顧客利益的航道，不只是你先畫好有利於顧客決策的軌道，更要讓顧客自願上這個軌道；同時，事先讓他（她）看清楚整條軌道會將他（她）帶往何方，中間經過任何的花花草草，都不足以使其停下這班列車；如果你不能、也不懂得你銷售時的「終極目標」是什麼，你很可能會因為任何的一點小事件、問題，就停在那裡，而延遲了幫助顧客得其所欲的時間，甚至，該幫却沒幫！

談到王夫人過去幫王董做任何保險、理財或投資的「本質」是什麼？

1. 保障——人的風險
2. 理財——錢的風險
3. 投資——創造額外收入

分散人與錢的風險，其本質，不就是為現在或未來風險發生時「省錢」！創造額外收入的投資，其本質就是「賺錢」，她原來「不想多花錢」，不想多花錢的本質，是省錢，做任何理財或保障的規劃，本質上，不就是要省錢或賺錢！這兩件事：「省錢」「賺錢」，王夫人過去都在做，既然過去與一直以來都在做，現在要做的，不也是根據她過去做規劃的動機與本質而提供的建議嗎！

整合力不是解決問題的能力，而是「利用資源」以及「看懂結構」的能力，此處的結構，自然是前述所提「綜觀全局」「看清本質」；單獨要去「解決」每個問題，絕不是你該有的選項。

銷售依恃的，不是浮誇鬼扯的辭令與話術，而是合乎本質的邏輯！

嘿！投資在自己的保障上，是永遠穩賺不賠的！

34 銷售，要看清「本質」

100 %

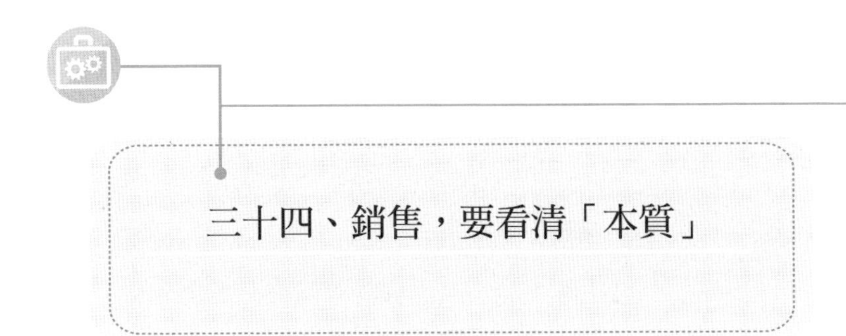

三十四、銷售，要看清「本質」

為了達成業績目標，業務人員銷售的語言透過各式的「包裝」，當然其目的是要完成交易；不置可否，將推銷話術上推到令人匪夷所思的地步，幾十年下來，不但沒有放緩的腳步，反而變本加厲，這些「包裝」過了頭的推銷話術也許能暫時迷惑人心，使顧客掏錢，然而長期下來，却造成了推銷窒礙難行的艱困情境，主要原因之一，自然是消費者、顧客對於銷售人員言過其實的推銷話術與手法的反撲；也只有少數幸運兒，透過「深研」構成銷售的本質、學問，方能平步青雲、扶搖直上的創造高成交率。

而人員流動率最高的行業，你猜猜看，是哪個行業？沒錯，就是從事「銷售」的業務人員，其中流動率最鉅的，當屬壽險金融業了！

當 1997 年筆者創辦威力行銷研習會時，選定的主要培訓對象，即為壽險金融業；為什麼以壽險業務員、業務主管作為主要招收與訓練對象？有以下幾項原因：

1. 市場與經濟環境變動下的產物：壽險業二百多年來，未因任何政治、經濟因素變動而消失；相反的，市場與經濟環境變動愈大，愈能彰顯壽險業「風險控管」的業務本質與價值，事實上，根本沒有不變動的市場與經濟環境！
2. 業務員組成的團隊即為學習型組織：不學習，則陣亡。壽險金融業與社會經濟脈搏的連動性日趨緊密，任合的投資、理財、保險知識皆日新月異，只當一個產品推銷員或固守過時的推銷經驗與知識，是不足以於此行業生存發展的，更遑論會有何突破。保險公司、保險經紀人公司、保險代理人公司等等，無一不重視旗下銷售人員的專業訓練，以期能在績效上有所展現。

3. 販售無形商品的高度挑戰：無形商品與深涉型商品。壽險金融業的「商品」是一紙要保書契約，不像房屋、車子、或柏金包等看得見、摸得著的物件，就一紙契約，載明保戶或顧客的投保與規劃的條款、額度與標的，銷售難度較高，當銷售難度愈高，則銷售人員的招募與培訓自然要與時俱進。看得到的產品好賣，看不到的服務則難賣。換言之，這是一個高度依賴「人」的專業。

這是壽險金融業存在的本質，而不僅此行業如此，任何一個專業領域，皆有其存在與生存的本質。人有人的本質，事有事的結構，行業有行業的屬性，在尚未清楚定義行業本質之前，就有一堆人跳進各個行業裡去運作，去銷售或推廣，然後一段時間後，等碰到問題，他們再去想辦法解決，自此之後，這種「遇到問題再說」「有問題再去想解決辦法」的被動式反應，或稱線性反應，充斥在整個行業、公司、團隊乃至組成團隊的個人！

這些遇到問題再去想解決辦法的人，在第九章「財富的秘密」裡已闡述，此處不多作說明。

靠腳力

王老闆：這我實在買不下去，我朋友去年跟你們公司買的長期看護險比較好，你現在給我的，保費也比去年貴，而且，現階段這個規劃少了 180 個月的保證給付，這也差太多了吧！

你：王老闆，我知道您說的是我們公司去年推出的長看險，不過，那已經停售了，而您在長期照顧險這方面是沒有任何保障的。

王老闆：我也知道，所以，我才覺得這實在差太多，保費比之前貴，保障條件又差之前的那麼多，怎麼買的下手，算了，再說吧！

你：可是，不會再有像去年那種條件的長看險會推出了，那您又沒這方面的保障，以後風險發生，不是要自己跟家人加重負擔嗎！

王老闆：也不一定會發生，現在好好保養，我也一直很注重養生的，我還跟老師學氣功，應該不會有甚麼問題。

你：身體的狀況其實很難講，沒人說得準，這也是保險的功能所在，王老闆，我還是建議您買長看險。

王老闆：算了，不划算，等有更好的條件再跟我說吧！

你：已經不會有更好的長看險了，王老闆，真的，您要不要現在就決定，不要再等了。

王老闆：我知道你很認真，我現在沒辦法決定。

你：不然這樣吧，王老闆，我們來談談資產保全吧！您的資產資金那麼多，那麼會賺錢，節稅規劃總要做，這也是很重要的，我之前也幫很多成功的企業家做規劃建議。

王老闆：這方面都有會計師、還有公司的財務長在做，我不用傷這腦筋。

你：可是會計師或財務長為您做的是一部份，也不一定是全部的資產，您也知道，雞蛋不要放在同一個籃子，還是要分散風險。

王老闆：是啊，每個人的專業不同，他們有他們的專業，你又有你的專業，我懂，現階段，我還沒這問題，他們做的也很好，再說吧！

你：那他們都幫您做了哪些項目的資產保全呢？

王老闆：我哪記得住，就都授權給他們去做，這方面我太太也會幫我把關，我很放心，所以，不急！

你：哦，王老闆，那下次您一定要給我個機會，為您提供服務。

王老闆：放心，一定會有機會的。

重點

隨著問題起舞，是銷售人員的「通病」。看不清系統的結構會把你與顧客帶到哪個方向；隨問題起舞會達到一個方向——就是迷路，還有不知為什麼會迷路的方向！

銷售過程略去「本質」，只會招致災難性的後果；顧客不知財務或風險規劃的本質，投資或保費的本質、疑慮與抗拒的本質、對銷售人員銷售手法反應的本質、為什麼要在心有餘、力也足時接受風險與理財規劃的本質；銷售人員不知「銷售」二字基本定義的本質、不瞭解告知、說明、說服為什麼會引起百分之八十顧客防禦的本質、弄不清建立人際關係與建立對「人」的專業知識的本質差異為何、只依靠經驗而不學習建立系統之間在時間與效益上有何天壤之別的本質、系統思考與線性反應之間在顧客面反應的差異本質，被動執行與主動創造間的能量與收益級距是如何造成的本質？！

「本質」，是不對外追求答案、解決方法；本質的基本定義，就是「本來的屬性」，既是本來的屬性，向外去尋求什麼答案呢？人有人的本質——其思想、情緒與行為，而語言則是抒發思想、情緒的外顯管道；行為的本質，自然就是一個人的思想＋情緒的表現的總和。行為的軌跡與此人說的話有時一致、有時不一致，你到底是要依據此人說的話去反應，或是從他（她）的行為脈絡去發現此人的「本質」為何？

「事情」也有事情的本質，事情都是人製造出來的，「問題」更是人引發的，當「事情」與「問題」發生時，你想著如何去處理事情或解決問題，猜猜看，你是往「本質」走，亦或遠離本質？而且，愈離愈遠？！

離開本質、對事情或問題去反應，「想」出來的解決辦法，是真的「解決」了問題，還是製造了更多未來的問題？

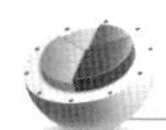

靠腦力

王老闆：這我實在買不下去，我朋友去年跟你們公司買的長期看護險比較好，你現在給我的，保費也比去年貴，而且，現階段這個規劃少了 180 個月的保證給付，這也差太多了吧！

你：王老闆，您的意思是說，與您朋友去年在我們公司投保的長期看護險相較，現在的保費比去年高，同時，保障的條件也沒去年的優渥，是嗎！

王老闆：是啊！這叫我怎麼買得下去！

你：您是不是覺得，在現實條件上，您吃虧了！

王老闆：不然哩！

你：所以，您不會在「吃虧」的基礎上，去做這項規劃，沒錯吧！

王老闆：那當然。

你：很好，王老闆，您這麼在乎錢與您的權益，請教您，什麼才是真正的「吃虧」：

1. 風險發生時，用自己或子女的錢。
2. 風險發生時，用保險公司的錢。

哪一個才是真正的吃虧？1 或 2？

王老闆：1！

你：您做長照險規劃的本質，是不是為了轉移風險而做？

王老闆：是啊！

你：那，您的風險轉移了嗎？

王老闆：還沒做，怎麼轉移呢？

你：哦！那麼，要如何才能轉移呢？

王老闆：當然是做規劃才能轉移風險！

你：您現在願意好好的做規劃，以轉移您的風險了嗎！

王老闆：我是願意，可是，保費也變貴啦！

你：嗯！王老闆，您贊不贊成，所謂的「保費」，就是「保護顧客免於風險的費用」！

王老闆：贊成。

你：而保費的高低，與您所承擔的風險成正比。您所承擔的風險愈高，保費就愈高；相對的，你所承擔的風險愈低，保費就愈低，我沒說錯吧！

王老闆：沒錯！

你：所以，沒有所謂保費高與低的問題，只有風險高與低的問題，對不對！

王老闆：對，為什麼我都沒辦法反駁你？！

你：王老闆，你會反對自己的風險轉移給保險公司、同時，也為未來風險來臨時省錢嗎？

王老闆：當然不會！

你：那，我們何不現在就來做好風險轉移呢？！

王老闆：好吧！

關鍵

要看清楚人或事物的本質，是一種邏輯上的訓練，而邏輯上的構成來自以下兩項能力的培養及鍛鍊：

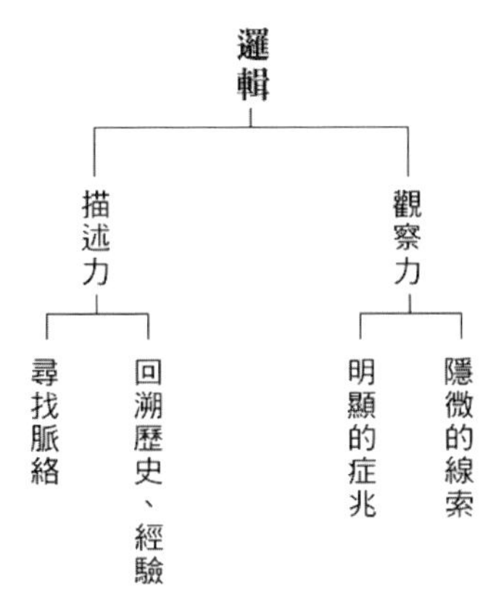

一個只會對問題作反應，即想解決辦法或答案的銷售人員或銷售領導人、企業主會落入系統思考當中「捨本逐末」循環裡（見第五項修練一書）。因此，現代的銷售培訓不應只是從推銷商品開始，更不能師從傳統的經驗法則，因為經驗本身是人們零散行動下的產物，毫無系統；這些屬於個人的銷售經驗是透過：

1. 零散的知識
2. 零散的行動
3. 零散的人脈（緣故銷售）
4. 告知、說明、說服顧客購買的模式（引起百分之八十顧客防衛與抗拒的推銷話術）

所構成，銷售人員不斷不自覺地重複這個過程，卻期望得到突破性的結果（績效、收入與團隊人力）無疑是緣木求魚，命中率真的就是柏拉圖法則：80% 的耗損率、相對於 20% 的命中率。

「保費比去年高」、「保障額度與條件沒去年的好」；聽起來皆為阻礙顧客決策的問題，問題本身是不利於顧客的，相對於去年的同樣規劃型式，因此，你是否「觀察」到，若這位顧客接受了這規劃的型式與條件，他直覺上認為自己「吃虧」了！而沒有人想要當吃虧的那位！

不想當吃虧的那一位，導致他做不了決定，而做任何保險規劃的本質，即為「分散風險」，該分散轉移風險卻沒，由自己或子女、家人來承擔風險，哪個才是真正的「吃虧」？！

至於調漲保費則更無爭論的必要，保費並非是一般的消費，2008年金融海嘯，政府發放「消費卷」，以刺激民間消費，藉以活絡經濟；消費卷視同現金，可以買任何你想買的東西，從吃的、用的、到玩的，無一不包，可，就沒一家保險公司跟保戶收的保費是用消費卷抵的；這是什麼意思？這意思是說，在那段時間，你可以拿消費券去上館子、買電影票、買手機、電腦3C產品、買機票出國玩、買傢俱、買冰箱、買衣服，你就是不能拿來抵保費。

為什麼？

道理很簡單，因為「保費不是消費」，既然保費非消費，代表保險不是花錢用買的；保險，是用「規劃」的，如何規劃？從顧客的年齡、體況、經濟情況、家庭人口、負債比、收入總數、市場利率、行業別的風險系數、個人的投保意願與能力……等諸多因素來作為規劃保障內容的依據；因此才會有對「保費」有如此這般的定義：

「保費，是保護顧客免於風險的費用」而**「保費的高低，是與你的風險高低成正比」**

銷售人員與業務主管，往往陷於問題本身而導致與顧客間「進退兩難」———顧客沒有不要規劃，然而也困於現實困境，尚未規劃，雙方皆陷於不確定因子當中，徒增困擾！

看清本質，在邏輯建構上才不至捨本逐末，讓顧客跟著本質走，而不是你跟著現實困境走，方為正確突破之道！

35 銷售時，你，是你自己，還是你的顧客？

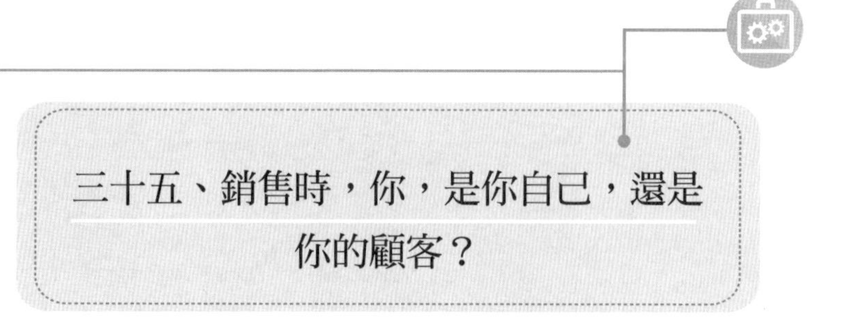

三十五、銷售時，你，是你自己，還是你的顧客？

不知你是否相信並接受這個說法：你對銷售的定義，將決定你在銷售事業上的命運，我可是深信不疑！

如果你覺得自己銷售命運坎坷，績效與收入有一搭沒一搭、或只能勉為糊口，甚至做到負債累累，那肯定是你一開始從事銷售，就沒將銷售的定義擺到正確位置，銷售定義不屬於推銷技巧、話術，那是你從事此事業的核心本質。一堆銷售人員以為要賺大錢、要時間自由、財富自由，所以來做銷售，他們從事銷售的動機就是要賺大錢，而徵員他們的主管，也以此（金錢報酬）做為徵員時的誘因，久而久之，銷售的價值核心就如此被扭曲了。

從事銷售、賺大錢、時間自由、財富自由、行業無發展與成長的上限……這些皆屬於「包裝」過了頭的徵（增）員話術，人員離職率高是為了什麼？賺不到錢！跟團隊主管不合！公司規定朝令夕改、不重視業務員的權益、同行業的人搶 case，主管搶業績……你可以有一百個理由去解釋「賺不到錢」，那貴公司或團隊，有沒有人正派經營、又賺到很多錢的業務員呢？怎麼解釋？

時序進入廿一世紀的現在，「良心企業」「責任企業」的經營口號甚囂塵上，「顧客導向」也喊了好一段時日，「需求分析」被許多保險業、保險經紀公司奉為萬靈丹，大夥嘗試著力圖轉型，以求於景氣低迷、競爭日鉅下殺出一條生路，然而，當大家都這麼做時，你又如何期望能脫穎而出？！

圖（一）

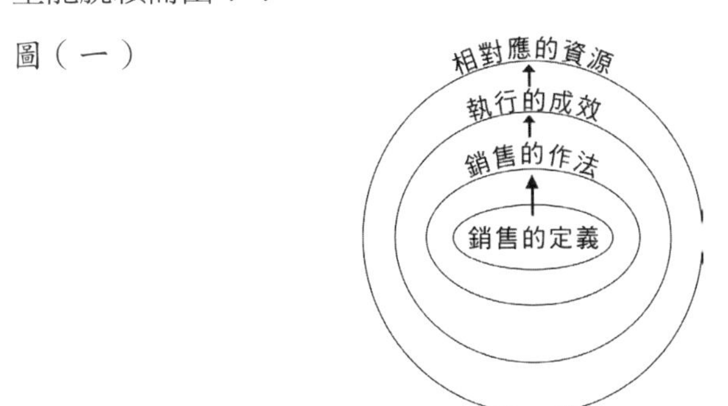

任何對銷售的定義，皆會延伸出對應的銷售方式、以及相對應所需要的資源，你可以這麼說：銷售定義延伸出銷售的作法；作法延伸出執行的成效，而成效會產生資源的匱乏，資源的匱乏使你採取相對應補償性行為（如學習如何成為更稱職的理財規劃師或建立對人的專業）。因此，銷售人員常常將注意力放在第二層的作法上，再根據得到的成效好壞看自己該如何改善執行成效；這麼做，忽略了「作法是從定義而來」的系統結構。

例如：　（○→定義，□→作法，△→成效，▭補償性之行為）

圖（二）

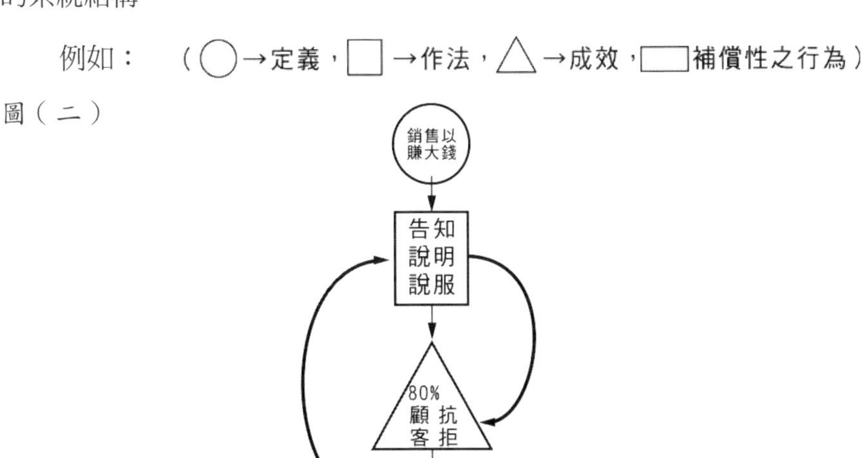

粗黑線圈迴路顯示被強化的環路（Loop）

錯誤或不奏效的定義（假設前提），延伸出不奏效的作法，銷售人員再根據不奏效的作法，強化原有的行為，更加深了成效的不確定感！

靠腳力

王老闆：我不相信保險，我寧願去買房，有房斯有財，看得到也摸得著，哪裡需要買保險？

你：王老闆，您只有出國會找我買旅平險，您手上現金那麼充裕，至少也要做些資產配置吧！

王老闆：我有啊！配置得很好，我又不缺錢，也用不到保險，房子都用現金買也不需要跟銀行貸款，我還要配置什麼！

你：那是您很會投資賺錢，可是您的風險還是存在啊！

王老闆：錢都準備好了，又不缺錢，有什麼風險都能解決，不需要保險！

你：資產配置是必須依據您的資產與負債之間的比例，再根據您打算退休的時間，來計算給建議的，王老闆，這跟一般的買保險是完全不一樣的過程與層次。

王老闆：我知道，銀行理專也講過，我還是銀行的VIP，你講的我都知道，不用多說。

你：其實是不一樣，銀行偏重投資或買外幣賺匯差，我們建議是風險控管，您深入瞭解後，就知道這之間是不同的概念。

王老闆：其實我覺得錢還是要活用，放在保險，實在是一件不划算的事兒。

你：那要看您是從哪個角度來看，畢竟保險非投資，除非是投資型保單，那又另當別論。

王老闆：我之前也買過你講的投資型保單，二〇〇八年金融海嘯賠慘了。

你：那是整個金融崩盤，現在的投資型保單比較少聽到有這種情況，不如我幫您匯整一下您的投資與保單，再看看有哪種規劃是您想做的。

王老闆：最近比較忙，這麼大的工程你要整理也不是那麼容易，再說吧！

重點

一昧站在銷售的立場與角度去發送訊息，這種單向式的銷售表達少了從顧客的角度與立場去感受與思考；導致銷售人員「摸不透」顧客擔心或關心的是什麼，也不清楚自己的「積極」反倒造成了顧客們的壓力，面對壓力，顧客的直覺反應，就是逃跑——電話不接、微信不回、Line 已讀不回，此時愈增加拜訪量，顧客愈增加躲銷售人員的量。

你是銷售人員，你不是顧客，你當然不知道他（她）在想些什麼，**你是銷售人員，你就是顧客，你當然知道他（她）在想些什麼！**

困擾嗎？

第一、因為你是銷售人員，站在推銷的立場，只想著要如何推銷、如何成交、如何邀約、如何如何如何……個沒完沒了，你腦袋裝的、心中放的，都是自己要如何做，所以，你不是顧客，你當然不知道他（她）在想些什麼；你也沒興趣知道，只要快點成交就好。

第二、因為你是銷售人員，站在顧客的立場，你變成你的潛在顧客，你就會「感知」到他（她）在想些什麼、擔心或關心什麼，從他（她）想些什麼、關心或擔心什麼作為你的銷售施力點，成交是自然發生的！

靠腦力

王老闆：我不相信保險，我寧願去買房，有房斯有財，看得到也摸得著，哪裡需要買保險？

你：您的意思是說，您一有閒錢，就去買房子，是吧！

王老闆：是的！

你：而您也不相信保險，對不對！

王老闆：對啊！

你：同時，您不缺錢，自然也不需要保險，沒錯吧！

王老闆：沒錯。

你：我瞭解了；那，王老闆，我很好奇，您為什麼要在公司已經很賺錢的情況下，還要額外投資房產呢？

王老闆：資產不嫌多嘛！

你：除此之外呢？

王老闆：還有就是分散風險。

你：為什麼？

王老闆：資金太多，自然就會課稅，既然避不了稅，何不把多餘的錢拿來買房，這不就是分散風險的概念嗎！

你：是啊！您說的很有道理：資金愈多，相對於課稅愈重，將要繳的稅透過投資理財規劃，再將其轉為資產，那麼，您的資產愈多愈好，沒錯吧！

王老闆：當然，我現在就是這麼做的。

你：王老闆，我的意思是說：第 1. 您的風險性資產愈多愈好，還是，第 2. 免稅資產愈多愈好？

王老闆：應該是第 2。

你：在您持續投資並擁有風險性資產，如房產的同時，何不讓我們

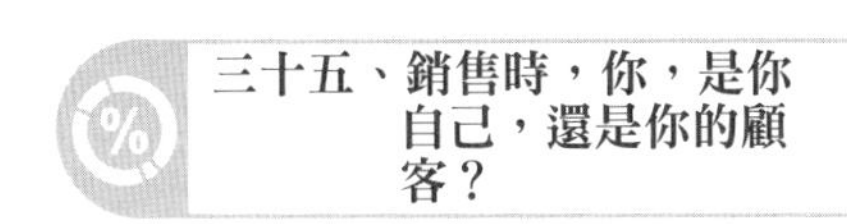

一起來看看，要如何擁有免稅資產的作法呢！

王老闆：好啊！要怎麼做！

關鍵

銷售，是建立在幫助人們得其所欲的基礎上，你成功幫助的人愈多，得到的成就、收入與顧客的尊重就自然水漲船高。許多銷售人員或許有此觀念，認為銷售是建立在幫助顧客得其所欲的基礎上，然而，他們却未學習發展出支援此觀念的有效作法，而導致前後不一致的矛盾，既然你對銷售的定義，將決定你在銷售事業上的命運，何不學習將你銷售時的焦點，從「我要如何說服他（她）購買」轉換成「你要如何做，才能擁有你要的免稅資產或退休金？」這裡的「你」，指得是顧客。

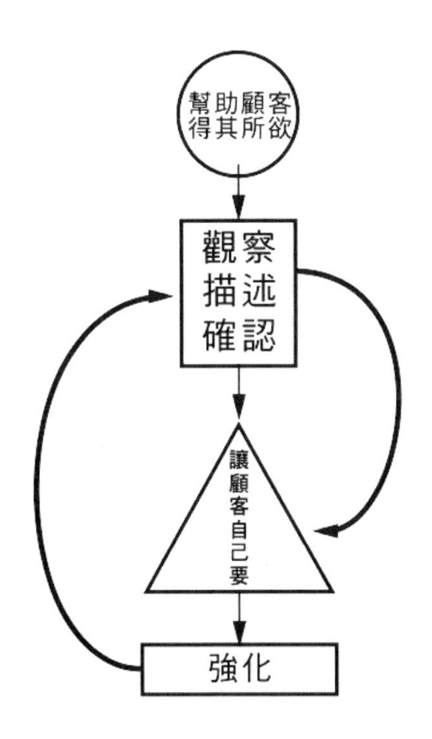

這裡的「觀察、描述、確認」是催眠式銷售誘導的三步驟，觀察你的顧客→描述你對顧客的觀察→確認你的描述是正確無誤的！用以取代傳統推銷當中的告知、說明、說服。一個是從顧客面觀察、運用顧客給你的資源，來正確的幫助顧客得其所欲。另一個，則是從推銷的立場發送訊息，而不觀察，不觀察，代表銷售人員對「顧客」這個人沒興趣，相反的，只對達到成交的目的有興趣；這樣的「專業銷售顧問」是令人敬謝不敏的！

銷售時，你不是你，你代表的，是你的顧客；同時，你也代表你服務的公司，你的顧客是你的衣食父母，公司則是你幫助顧客得其所欲的資源與支援；主管是領你入行的師父；師父要以身作則，在市場上要驍勇善戰，為旗下組員（屬員）之表率，強將手下，自然無弱兵！

快放狗咬我，好讓你感受我們的理賠服務有多快！

36 如何突破人性的弱點

三十六、如何突破人性的弱點

人性的弱點何其多，銷售上最常遇到的，就是短視近利，只看眼前；不論是從顧客面、或是銷售人員皆然。

如果你以為成交的惟一依據是價格、或是利率高低，那不但偏離事實，也會使你與成功脫軌！

商品本身與價格是很重要，然而，人卻是複雜的「動態因子」，動態是一種恆動狀態——人會隨著環境、情緒或與他人的互動產生不同的心理反應，並進而影響行為上的改變與不確定；朝三暮四、坐這山望那山、小人恆立志……咱們可有一堆的詞來形容人的顛三倒四；出爾反爾的例子還少嗎！

事實上，從事任何銷售或創業行為，遇到拿不定主意的顧客實乃稀鬆平常，沒啥大驚小怪，可就是有人會亂處理一通，搞到「贏得雄辯，失去訂單」！

失去訂單雖然會令人扼腕，然而，若是失去了顧客，那才叫損失慘重！這也是為什麼我們會說「買賣不成仁義在」，一張訂單是一場戰役，與顧客的關係及銷售人員的信譽卻是一場戰爭，而一整場戰爭則是透過不同戰役組合而成的結果。

拿不定主意的顧客，其成因從大方向來看，分別為受內在環境與外在環境的影響而產生的變動：

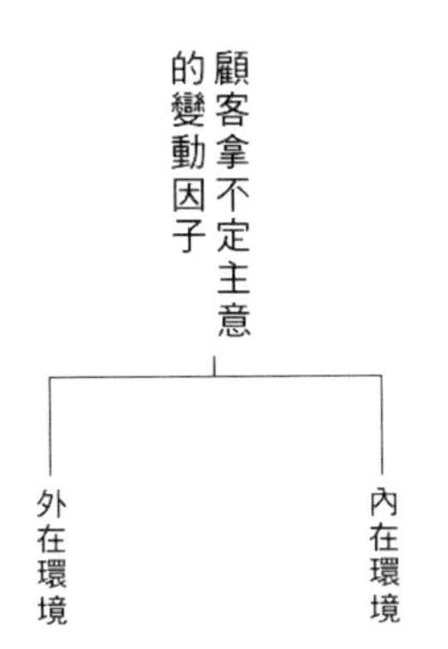

內在環境向來與人格特質息息相關：例如主觀意識薄弱，到關鍵時刻拿不定主意、該做決定或採取行動卻一拖再拖、耳根子軟、從小到大不習慣獨立思考、不喜歡擔負責任、不願承擔任何風險、喜歡待在自己的舒適空間、對陌生人或環境有焦慮或恐懼甚至排斥、不承認犯錯、自我懷疑……

外在環境與其所處的環境、互動的人、產生的經驗有關：例如：曾有感情創傷、曾被詐騙過、容易被他人影響、跟隨群眾或同儕效應、經濟或工作上的變動、缺乏對品牌與商品的相關知識……

任何內外在環境的變動，皆可能會影響顧客的決策反覆，「反覆」一詞即為：原來要、後來又不要，而不要的理由與當初要的理由常常南轅北轍，要避免或處理此種棘手的銷售情況，往往得要靜下心來，銷售人員也是人，顧客反悔當初的決定勢必準備好了一至二個理由，如果業務員靠直覺反應，很可能會弄巧成拙，把氣氛弄僵，把顧客也給得罪而不自知，此時失去的，不只是訂單或一筆生意與業績獎金，更糟糕的是，從此也失去了一位顧客，而比更糟還要糟的在後頭，就是壞口碑傳播——你懂這個嚴重性吧！

你聽過「消費者保護法」吧！耳熟能詳；那你是否聽過「銷售者保護法」或是「企業保護法」？沒聽過，我也沒聽過，因為根本就無此法！法律上視消費者為相對弱方，企業或銷售者被定義為較強勢方——握有商品資訊、品牌或通路及行銷預算，You do the math! 你自己一衡量，就知道為什麼法律總是保障消費者而非賣方了！

靠腳力

你：王老闆，我之前 E-mail 給您的資料，您有看過了吧！

王老闆：看過了；我太太說她不反對幫女兒做教育基金的規劃，也不反對你幫我做的退休年金建議，原本都沒問題，可是她也提到女兒才 2 歲，等明後年再做也不遲。

你：可是今年的規劃利率會比較好。

王老闆：我也清楚利率的問題，她說的也對，等女兒上幼稚園或小學後，現金流比較有掌控性，到時再做會比較妥當。

你：我不太懂您的意思，如果明年女兒的學費壓力比較輕，那是否代表您更有餘力為自己的退休金規劃做準備呢？

王老闆：我們最近剛買房子，手頭也沒那麼寬裕，不好意思，還是照我太太的意見吧！

你：那不然就二擇一，看是要先做您的退休年金，還是要做女兒的教育基金呢？

王老闆：應該都要再等，不會現在去處理這事兒。

你：那原來您要簽的約怎麼辦？

王老闆：昨天只是簽約，保費還沒繳啊！

你：是啊，您叫我今天來收費的，結果怎麼完全跟昨天說的不一樣！

王老闆：我也沒辦法，老婆說的對，工作上由我作主，家裡跟小孩歸她管，我也只能聽她的。

你：好吧！也只能這樣了！

王老闆：對了，你可以把昨天簽的約還我或銷毀嗎！

你：哦！

重點

你可以說，人性的弱點，在銷售行為上呈現最多的狀況之一，即為反覆不定；反覆不定與堅決地拒絕你可是截然不同的；然而在面對反覆不定的顧客時，銷售人員却很容易陷入說服與解決問題的陷阱，既謂之陷阱，就不會有好結果。

一昧追究顧客反覆不定的原因，再根據問出來的問題一一解決，這看似很「正常」的處理手法，即為「陷阱」！銷售人員總天真的以為，問出顧客反覆不定的原因所在，然後再「對症下藥」，自然藥到病除，在上述的「靠腳力」案例中，惟一被除掉的，不是顧客反覆做不了決定的理由，而是業務員！

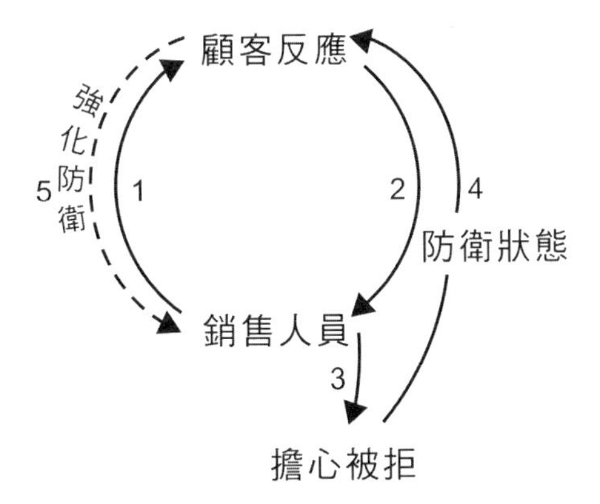

學習並研究系統結構與對「人」的專業，其好處之一即為，能從繁雜的細節中，看出整體性，而不是針對每個突發狀況做反應；人有人的系統，事有事的結構；許多銷售人員因為被顧客拒絕怕了，所以見到潛在顧客時，不自覺採取了防衛姿態；意即為了防堵潛在顧客的拒絕而產生相對應的防衛性語言與姿態，而人是彼此互相影響的，你因為擔心顧客拒絕而防衛，自然也會引起顧客的防衛，而這樣的結構只會增強，不會減弱！重點是，這一切增強的迴路（銷售人員擔心被

拒而採取的防衛性語言與行為，誘發出顧客採取更抗拒銷售人員的狀態）是在不自覺的狀態下形成的，完全不經過表意識的察覺；久而久之，銷售也就窒礙難行，尤其在下一個可能沒有防衛狀態的潛在顧客互動上也弄巧成拙。譬如：反覆不定的顧客，並非是抗拒的顧客，而銷售人員卻將其當成顧客拒絕來處理，自然就每下愈況！

靠腦力

你：王老闆，我之前 E-mail 給您的資料，您有看過了吧！

王老闆：看過了；我太太說她不反對幫女兒做教育基金的規劃，也不反對你幫我做的退休年金建議，原本都沒問題，可是她也提到女兒才 2 歲，等明後年再做也不遲。

你：不好意思，您的意思是……？

王老闆：她的意思是，過一段時間等小孩上幼稚園或小學後，現金流比較有掌控性，到時候再做會比較恰當。

你：這意思是……？

王老闆：加上最近買房子，你懂吧！

你：哦，我瞭解了，王老闆，我幫您整理一下您剛剛所說的，看看對不對！

第 1.：夫人認為孩子還太小，也都尚未上學，現在就要做教育基金的規劃，還嫌太早，縱使你們原來都贊成要做規劃，是嗎？

王老闆：對，她其實是這個意思。

第 2.：再加上你們最近又買了新房子，剛繳了頭款，所以夫人才會說，等小孩上學，房子搞定，再做規劃，對不對！

王老闆：是，沒錯！

你：夫人完全是站在一個務實的立場在看整件事，王老闆，夫人真是位賢內助，讓人好生羡慕；王老闆，既然您跟夫人都這麼務實，那麼，我想請教您或夫人，原來要為孩子做的教育基金或您的退休年金規劃，是要花錢，還是為了省錢而做？

王老闆：花錢啊，不都要繳錢！

你：從務實的角度來看，不論是孩子的教育基金或您的退休金規劃，是不是都是累積未來的資產？！

王老闆：是啊，這麼說沒錯。

你：既然是累積未來的資產，那是為了花錢、還是為了未來省錢而做規劃？

王老闆：……應該是省錢。

你：那夫人這麼務實，請教您，她會反對的是：亂花錢買保險、還是，為了省錢而做規劃？！

王老闆：當然會為了省錢而做。

你：哦，那、王老闆，不論您或夫人，有沒有在你們這麼務實的狀態下，找得出任何一個、不要為了未來省錢的理由，找得出來嗎？

王老闆：什麼意思？

你：這意思是，王老闆，給我一個不要為未來省錢的理由吧！還是您以後要多花錢？

王老闆：我懂了，既然如此，那我們還是照原定計劃完成規劃吧！

你：謝謝您，願意幫自己與孩子一個忙，現在，讓我們一起來完成規劃的程序吧！

王老闆：OK ！

關鍵

面對搖擺不定的顧客，最大的致命傷，即為銷售人員「沉不住氣」，太快對症狀作反應，導致最後來不及反應！古人說：說出去的話，潑出去的水，而覆水則難收即為此理。

銷售人員太快反應到來不及反應，其來有自——遇到銷售阻礙（問題 or 症狀），當然要立即處理，以完成交易。壞就壞在「立即」與「處理」這兩個動詞，「立即」代表銷售人員不思考，靠「直覺反應」與「經驗」；「處理」問題則代表直覺反應下的產物——找出對問題的相對應說法，既是相對應，就不自覺地走向對立的型態——顧客說貴，你回「怎麼會貴」，「我太太說還是過段時間再看看，不急著現在做退休金規劃」，你回「可是風險與意外不知何時先到」、「再不買就要停賣，下個月保費就調漲了」；身為銷售人員，你很難不碰到傳統銷售以告知、說明、說服為依據的餘毒。

沉的住氣，耐著性子，弄清楚顧客的「真正動機」為何，有時嘴巴說出來搖擺不定的理由，真實性不到 7% ！人們會透過修辭、掩飾或迴避、聲東擊西、左右迂迴，不面對真相、或者是，單純不想面對拒絕業務員時的尷尬，而找到一個或數個「不得不改弦易轍」的理由與現實，以作為搖擺不定的推辭；說實在話，你真的不用太在意這些個「口語症狀」，你真正該在意的是：他們的「真正動機」！

身為東方人的我們，有來自古文明的延續「基因」深深烙印在我們的骨子裡，「不直接對人說不」，為什麼？據說是要給人留下情面，又畏於社教禮俗，不只如此，連直接說 yes 都很難；咱們既不直接拒絕人，也不直接接受，一切都這麼「迂迴」，常讓西方人士丈二金剛、摸不著頭緒。

釐清動機而不處理口語症狀，是對「人」的專業知識與訓練中相當重要且必要的結構辨識，**從整體結構來看，而非對單一訊息、口語症狀或問題做反應**，一要沉的住氣；二要能從全面性著眼，看到整體結構；三要能按部就班的誘導，讓顧客自己影響自己採取規劃行動；有些銷售人員「覺得」要能學會如此這般的掌控性著實不易，因為你的就業環境（公司、業務團隊、業務主管、訓練主管）並不是如此建構在「系統動力」與對「人」的專業基礎上；因此靠人脈、建立人際關係加上零散的專業知識，遂成為這幾十年業務員與業務團隊的業務發展主力。

他們不想「動腦」，所以只能強調「行動力」「執行力」「拜訪量」的多寡，一旦以拜訪量的多寡來「轟炸」潛在顧客，就會走到大數法則的路徑——量大人瀟灑：拜訪潛在顧客量愈多，成交比例愈高！這種反應與假設前提只會在一種情況有用，即一個產業進入到一個消費目標對象群對此產業的消費性知識未建立，與此產業的服務提供者（業務員）有著知識不對稱的高度落差，業務員的專業知識遠勝於潛在顧客群，「教育」消費者就成為經營此市場的基礎，惟有透過大量拜訪、增加拜訪量來一方面拉近關係、一方面提供潛在顧客購買的理由與依據。

以壽險金融業來看，這行業存世已超過二個世紀，一個已超過二百年的行業，消費市場很難不具備基本的行業認知，既已具備，業務領導人與業務員自然要調整並建立起針對目標對象群的銷售流程與策略；因此，「精準」銷售便應運而生，買TOYOTA的人跟買Bentley的人，絕不是同一夥兒人，因此，「動腦」就成為現代精準銷售的必經之途；你可以一天拜訪三十位潛在顧客，夠多了吧！命中2個（成交）；你也可以一天見三位潛在顧客而命中兩個，成交額度一模一樣，你會選哪一個？

一天讓你見三位潛在顧客，成交兩個；跟一天見兩位潛在顧客，百分之百命中，你又會選哪一個？

精準有效的行動，比只是行動，要重要多了，不是嗎！這一點再怎麼強調也不為過！

精準的銷售與系統化的結構不該只是來自銷售面的變革，事實上，精準的銷售，是來自於顧客面的成長！為什麼？因為：

1. 消費者對於金融、保險的一般認知已建立，而非停留在啟蒙階段。
2. 顧客被銷售人員推銷的頻率與次數與廿年前相比，多了好幾倍。
3. 金融、保險銷售通路多元化，使顧客不只有一個管道接觸、學習、選擇金融保險規劃的媒介。
4. 顧客的時間、注意力有限，不想花太多時間與心力在接觸業務人員。
5. 從業人員有時「人情攻勢」，使顧客心生畏懼，視為非必要之惡！能不接觸就不接觸，嫌業務員太囉嗦、太黏人。

要突破銷售產值與收入，除了精準，你還要什麼！

專業是我的尊嚴，但不要放狗，
不然就咬我好了，至少我的保險比較多...

37 你的「直覺」，有用嗎？

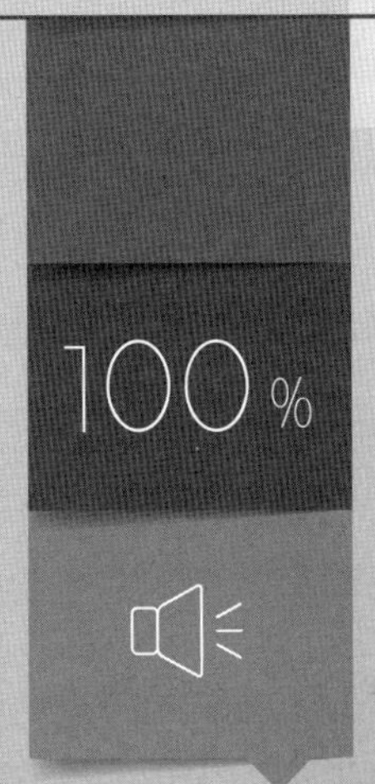

三十七、你的「直覺」，有用嗎？

人們都仰賴知識從事現有的工作，創業也是一連串知識流程的串連，你可以說，任何的事業成功，知識的運用與實踐實乃必然；那麼，企業倒閉或銷售人員做到陣亡的情況層出不窮，難道這些企業的創辦人、從事銷售為業的業務員，就不具備或具備不足的知識嗎？

雖然沒有一個統一的說法，然而，知識本身，確實是創業或經營銷售事業成功的基礎；沒有一家成功的企業或頂尖銷售人員是不具備知識成份而能獲致成功的！

除了知識，執行業務、創造顧客與財富的銷售人員及企業家，是否亦同時具備了額外的要件，方能平步青雲，扶搖直上呢？！

就系統動力學來看，根據：問題——答案（解決方法）的線性反應（又稱你的直覺反應）是症狀解的根源，也是本書一再強調與證明「追求短暫利益、最後，卻造成長期傷害」的結構，然而，「直覺」，卻也是創業家、銷售人員邁向財務成功必須具備的要件。

這樣不只聽起來很怪，連看起來都很矛盾，既然系統動力學視直覺為直線性反應，屬於頭痛醫頭—— 症狀解的結構；然而，若藉由反覆練習「系統思考」與「高觀點的邏輯」，直到變成下意識之「直覺」反應，則此直覺反應與線性反應的直覺之間，就有螺旋槳與噴射機的差別！

有些人的「直覺」很準，當其面臨重大商業決策或要談成一筆重大交易時特別明顯，然而，却並非每次都奏效，有 3%~5% 的機率有用，已經是了不得；基於經驗累積而來的直覺，通常是靠「時間」與「機率」這兩項主要因子，而直覺的不可靠性也就根源於此———經驗；是個人行動化之下的產物，依恃的是行動的頻率及個人的判斷；所以，無法形成一個長久的競爭優勢———你自己累積的經驗，不一定適合用在別人身上；況且，每個人做同樣一件事，產生的經驗可能都不一樣，沒有模式可循，為什麼？因為，靠經驗的直覺毫無系統可言，既無系統，就沒有可被重覆複製的模式，而模式，可是現代商業生存與競爭的關鍵；銷售人員也如是，靠年資與經驗累積的直覺，並無法使你具備銷售突破的優勢，這裡提到「突破的優勢」，是指將你個人的績效放大三～十倍，同時工作時間還能縮短三分之一，而非你做到現有產值、收入、人力的作法。

所以，這裡所提到的直覺，是個人或企業創辦人邁向成功的必要條件，一個根據系統結構，清楚辨識行動槓桿的直覺；一個具備高觀點、而不被低觀點層次的症狀解牽著鼻子走的直覺；在做出真正既能符合短期利益、又能兼顧與創造長期利益的商業決策上的直覺；思考，而非只有被動反應，才是真正具備長期優勢與突破的關鍵能力！

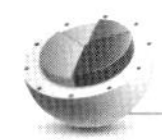

靠腳力

王老闆：這筆二百萬保費目前對我們來講，確實是負擔，明年要擴廠，又要多繳稅，這些都是不確定的因素。

你：您覺得保費是負擔、還是長期照顧的費用才是負擔？

王老闆：這我知道，現在已經年底，你看，原來今年要換車的計劃都暫停，有太多不確定的事一件一件來，我還是要量入為出。

你：但是，您也知道，雖然之前您在我們這兒做了很多保障與儲蓄的保單，這次年終的保單健檢，我還是必須建議您補足殘扶與長期照顧險，這是您原來保單裡面沒有的部分。

王老闆：我也知道這一點，不過，明年我的重點在遷廠、擴廠、還有稅務，要應付多繳的稅金，想起來就頭大。

你：話是這麼說沒錯，不過，依據您的財力，應該不會有太大的負擔才對，我想，您是客氣了！

王老闆：之前營業額都沒那麼高，所以稅金不用我處理，都是我的老闆處理，現在營業額高，他說還是讓我獨立成立公司，那表示我每年都要負擔額外的稅金，老闆不願意負擔我的稅金，你看，這不就加重我的負擔嗎！沒辦法。

你：其實保障是一種轉移風險的觀念與作法，保費與保額是相對應的關係，不然，您看看要不降低額度，保費打個八折，至少有個殘扶與長看險，是不是比較沒有負擔？

王老闆：真的沒辦法，等一切都上軌道，我再找你。

重點

「服從，是軍人的天職」，是我在軍校念書時，所有軍官養成教育的基礎，沒有人會懷疑、甚至質疑這一基本教育，以確保軍令的貫徹、執行及回報系統流程的暢通；思考著古今中外戰史，莫不處處驗證，軍人以服從為天職的真理。

那「服從」的終極目標為何？除了確保軍令暢通、貫徹執行之外，服從的本質為何？軍人服從軍令、貫徹上級命令，其終極意義，也就是「打勝仗」！

打勝仗是軍人的天職，「服從」，是一種被動的定義，透過此一被動的意義，來帶動「打勝仗」的主動意義。當然，我不是好戰份子，也不鼓吹任何形式的戰爭，不過，我念軍校時一位對我啟發甚深的老師曾寫了一本「商用兵經」，以孫子兵法作為企業經營的延伸範本，這本書開啟了我對孫子兵法於戰爭運用上的另一思惟，原來商場上也可做為經商制勝之道！這對距今廿幾年前（1979 年）還是一個學生的我而言，植下了一顆未來朝創業邁進的種子。（雖然官三升官四我就退學不念了）。

銷售人員的天職是什麼？

銷售領導人的天職是什麼？

給你十秒鐘，想想什麼是你從事銷售事業的天職，「天職」可以被定義為：天賦才能的職能；或者是，與生俱來的職能。

想到了嗎？

銷售人員的天職是：正確的創造顧客、與幫助顧客得其所欲。

而銷售領導人的天職則是：正確建立強大的銷售團隊，以幫助更多顧客得其所欲。

既然如此，銷售人員與銷售領導人，平均值而言，是否已克盡職責，百分百發揮「天職」？

靠腦力

王老闆：這筆二百萬保費目前對我們來講，確實是負擔，明年要擴廠，又要多繳稅，這些都是不確定的因素。

你：王老闆，您說的多繳稅，我不太懂？

王老闆：之前營業額都沒那麼高，所以稅金不用我處理，都是我的老闆處理，現在營業額高，他說還是讓我獨立成立公司，不要 under 在他的公司之下，那表示我每年都要負擔額外的稅金，這不就加重了我的負擔嗎！我連想換輛新車都要考慮再三。

你：您的意思是說，因為生意愈做愈好，您的老闆稅務加重，因此，建議您成立自己的公司擴廠，不要再附屬於他的公司之下，是嗎！

王老闆：是啊！

你：同時，一旦成立自己的公司，隨著營業額增加，自然要繳的稅金也避不了，對不對！

王老闆：沒錯！

你：我瞭解了，王老闆，您覺得負擔增加，是因為您之前並不用繳營業稅或綜所稅，都是您老闆在付，現在一旦成立自己的公司，就變成您要付，而您突然覺得這是一筆不小的負擔，換句話說，就是錢的風險增加了，沒錯吧！

王老闆：對，就是這意思。

你：而這負擔，原本就不在你預期範圍內，對不對！

王老闆：對。

你：王老闆，恭喜您，您現在終於知道，為什麼要做好您的醫療與長期照顧規劃的原因了吧！

王老闆：這兩個有什麼關係？

你：額外、不在您預期範圍內的稅金支出，是不是錢的風險？！

王老闆：算是。

你：既然不在預期範圍內，那您能預期您這輩子什麼時候會發生要用到長期照顧的時間嗎？

王老闆：這哪會知道。

你：既然不能預期何時發生，不就是您這個人本身風險嗎？

王老闆：也算。

你：而您對錢又這麼重視，公司是您在經營，而不是您夫人或其他家人，對吧！

王老闆：對。

你：那，萬一您發生不可預期的風險、長期照顧時，第 1. 您願意造成其他家人的經濟負擔，每個月支付 6~8 萬的長期照顧費用嗎？

王老闆：不願意。

你：第二，萬一發生要用到長照時，短暫時間沒有人接替您的生意，是否會直接影響到接下來 10 或 20 年的家人生活日常支出？！

王老闆：那一定是會有影響。

你：您會讓家人生活受到影響嗎？

王老闆：當然不會。

你：很好，您現在願意好好的來幫自己做好規劃，也幫您的家人與事業分散風險了嗎？

王老闆：好吧，要怎麼做！

關鍵

每個人都有直覺反應，大部份直覺反應是不經表意識、也就是不經理智篩選的反射，而銷售人員與銷售領導人恰好要去除的，也就是這類反射性的回應與動作。為什麼？

因為，太快反應，就來不及反應！

太快對顧客的防衛性理由反應，確實會造成防衛狀態的提高，你可以在自己過去的銷售實戰經驗中、與本書所列的案例中發現；有時，你必須學會關閉線性直覺反應，對你的直覺踩剎車，不能讓其像脫韁野馬般，所到之處，皆被破壞的滿目瘡痍而不自知；除了一種情況例外，如前段所提，你的直覺，乃根基於系統思考與對人的專業整合而來，同時，又能熟悉觀察、描述、確認（事實）三項催眠式銷售誘導的步驟，此**直覺能力的展現，則非為線性反應，方能正確地實踐，幫助顧客得其所欲的銷售價值。**

如果你夠細心，也許會觀察到，當一個人容易感受沮喪，同時，也容易感受快樂。重點不在沮喪、快樂這些情緒，真正的關鍵，是在「感受的路徑」，其實是一致的！只是感受的標的不同。而就因為感受的路徑一致，所以，人的「感受的路徑」是一個容易被外在環境影響的機制，只要此人還有意識、能思考、正常表達與行動，感受的路徑就一直存在，這表示，人的內在「感受、感知的路徑」是一項對外在環境的調節器，感受會隨著感知到的外在刺激而產生，調整外在刺激的方式與結構，人的感受路徑會依據刺激而反應，而不斷地經由觀察顧客對銷售人員、銷售訊息（外在刺激）產生的反應（外顯行為：包含語言表現、表情、行為等），來調整提供刺激的內容與架構，這也是為什麼，培養對人（顧客）敏銳的觀察力如此具份量的原因。

當顧客「擔心」時，不論擔心的標的為何，你第一個觀察到的，應該就是其「擔心」的狀態，最糟的反而是去處理、解決其擔心的理由！「擔心」是一種對外在現實的感知路徑，不論其擔心的標的為何，他（她）當下擁有的，就是一個擔心的狀態，而擔心，就是害怕有風險，此時，你也先不用管擔心標的是什麼，他（她）擔心有風險，不就是要做好風險轉移規劃的理由與動機嗎!! 我不清楚，傳統的業務主管、業務員到底要處理、解決什麼？

沮喪與快樂不是重點，它是症狀；感受（知）的路徑才是關鍵（槓桿）。

顧客擔心現實困境、做不了決定的理由不是重點，而是其擁有擔心的狀態（感知的路徑）才是關鍵！

你把「人」的結構弄清楚了嗎？還是要繼續憑線性的直覺反應作為你銷售時的依據？

你或許不知道，在投資理財的專業上，我可是個狠角色。

商業管理系列 5

業務戰 腦力 vs. 腳力的戰爭 TIND TEASER

作　　者：張世輝
美　　編：陳湘姿
封面設計：陳湘姿
主　　編：黃　義
出 版 者：博客思出版事業網
發　　行：博客思出版事業網
地　　址：臺北市中正區重慶南路 1 段 121 號 8 樓 14
電　　話：(02)2331-1675 或 (02)2331-1691
傳　　真：(02)2382-6225
E—MAIL：books5w@gmail.com、books5w@yahoo.com.tw
網路書店：http://bookstv.com.tw/
http://store.pchome.com.tw/yesbooks/
博客來網路書店、博客思網路書店、
華文網路書店、三民書局
總 經 銷：聯合發行股份有限公司
電　　話：(02)2917-8022　傳真：(02)2915-7212
劃撥戶名：蘭臺出版社 帳號：18995335
香港代理：香港聯合零售有限公司
地　　址：香港新界大蒲汀麗路 36 號中華商務印刷大樓
C&C Building, #36, Ting Lai Road, Tai Po, New Territories, HK
電　　話：(852)2150-2100　傳真：(852)2356-0735
總 經 銷：廈門外圖集團有限公司
地　　址：廈門市湖裡區悅華路 8 號 4 樓
電　　話：86-592-2230177
傳　　真：86-592-5365089
出版日期：2017 年 8 月 初版
定　　價：新臺幣 280 元整（平裝）
ISBN　：978-986-94866-5-1

國家圖書館出版品預行編目資料

業務戰 腦力 vs. 腳力的戰爭 TIND TEASER / 張世輝 著 -- 初版 --
臺北市：博客思出版事業網：2017.8
ISBN：978-986-94866-5-1（平裝）

1. 銷售 2. 職場成功法
496.5 106009576